职业教育机械类基础系列规划教材

# 钳工实训

主 编 周 旭 申耀武
副主编 袁长国 邓发云 齐金海

电子工业出版社
**Publishing House of Electronics Industry**
北京 · BEIJING

## 内 容 简 介

"钳工实训"是一门机械、机电类专业的理论与实践一体化课程，是基础技能实训必修课程。其任务是使学生学习和掌握机械基础常识和钳工基本技能，形成解决机械知识方面实际问题的能力，并为学习其他专业知识和职业技能打下基础。本书在编写上采取项目式教学方法，使学生在"任务驱动"下完成相应的教学任务，全书共三个项目十个任务。

本书可作为高等职业院校机械、机电类各专业"钳工实训"课程的教材，也可以作为成人高校或职业技术学校相关专业教材，以及相关工程技术人员自学或培训用书。

**图书在版编目（CIP）数据**

钳工实训 / 周旭，申耀武主编. —北京：电子工业出版社，2017.8

ISBN 978-7-121-32081-1

Ⅰ. ①钳… Ⅱ. ①周… ②申… Ⅲ. ①钳工—高等职业教育—教材 Ⅳ. ①TG9

中国版本图书馆 CIP 数据核字（2017）第 159575 号

策划编辑：李 静
责任编辑：朱怀永
文字编辑：李 静
特约编辑：王 纲
印　　刷：北京季蜂印刷有限公司
装　　订：北京季蜂印刷有限公司
出版发行：电子工业出版社
　　　　　北京市海淀区万寿路 173 信箱　邮编　100036
开　　本：787×1092　1/16　印张：7.75　字数：179 千字
版　　次：2017 年 8 月第 1 版
印　　次：2017 年 8 月第 1 次印刷
定　　价：23.00 元

凡所购买电子工业出版社图书有缺损问题，请向购买书店调换。若书店售缺，请与本社发行部联系，联系及邮购电话：（010）88254888。

质量投诉请发邮件至 zlts@phei.com.cn，盗版侵权举报请发邮件至 dbqq@phei.com.cn。

本书咨询联系方式：（010）88254608，zhy@phei.com.cn。

# 前　言

　　针对培养技能型应用人才的需求，结合多年教学实践经验积累，以夯实专业基础、训练学生实际动手能力为目标，系统化地构思和编写了本书。本书在结构设计与内容选择上，力求结合企业生产实际，精心选择实用性项目，并将项目细分为一个个相对独立的任务，以期在实际教学中，学生通过完成既定任务，掌握基础理论知识和操作技能，为深入学习和训练打下坚实的基础。

　　本书内容上注重广泛性、科学性、实用性和先进性，通过举一反三达到触类旁通的目的。全书共三个项目十个任务。

　　本书特点如下：

　　（1）注重对学生技术应用能力的训练。每个任务都有实际操作训练，培养学生利用基本理论分析问题、解决问题的能力，工程实践能力和创新意识。

　　（2）注重体现理论与实践相结合的教育原则，在教学内容的安排上体现高职学生必备的基础理论知识与基本操作技能的介绍。

　　本书由周旭、申耀武任主编，袁长国、邓发云、齐金海任副主编，广州南洋理工职业学院对本书的出版给予了大力支持，在此表示衷心的感谢。

　　由于编者水平有限，疏漏和不足之处在所难免，请广大读者批评指正。

编　者

2017 年 6 月

# 目　　录

**实训项目一** ···················································································· - 1 -

　任务一　钳工基础认知与实践 ···························································· - 3 -

　　一、钳工概述 ·············································································· - 3 -

　　二、钳工常用设备 ········································································ - 4 -

　　三、安全操作规程 ········································································ - 7 -

　任务二　识读图纸 ··········································································· - 9 -

　　一、看零件图的基本方法 ······························································ - 10 -

　　二、看装配图的基本方法 ······························································ - 10 -

　任务三　基本测量 ··········································································· - 13 -

　　一、钢直尺 ·············································································· - 14 -

　　二、游标读数量具 ······································································· - 15 -

　　三、千分尺 ·············································································· - 18 -

　　四、万能角度尺 ········································································· - 19 -

　　五、指示式量具 ········································································· - 21 -

　　六、塞尺 ················································································ - 22 -

　　七、刀口形直尺 ········································································· - 22 -

　　八、内外卡钳 ··········································································· - 22 -

**实训项目二** ···················································································· - 29 -

　任务一　划线 ··············································································· - 31 -

　　一、划线的作用及种类 ·································································· - 31 -

　　二、划线的工具及其用法 ······························································ - 32 -

　　三、划线基准的选择 ···································································· - 35 -

　　四、划线时的借料 ······································································· - 35 -

　任务二　锯割 ··············································································· - 39 -

一、锯割的工具 ............................................ - 40 -

二、锯割的操作 ............................................ - 41 -

任务三　錾削 ................................................ - 45 -

一、錾削工具 .............................................. - 46 -

二、錾子的切削原理 ........................................ - 47 -

三、錾削的姿势及操作方法 .................................. - 48 -

任务四　锉削 ................................................ - 52 -

一、锉削工具 .............................................. - 52 -

二、锉削的操作 ............................................ - 54 -

任务五　孔加工 .............................................. - 61 -

一、钻孔 .................................................. - 61 -

二、扩孔 .................................................. - 67 -

三、锪孔 .................................................. - 68 -

四、铰孔 .................................................. - 69 -

五、攻螺纹 ................................................ - 71 -

六、套螺纹 ................................................ - 73 -

任务六　刮削 ................................................ - 78 -

一、刮削的特点及作用 ...................................... - 79 -

二、刮削工具 .............................................. - 79 -

三、刮削方法 .............................................. - 82 -

四、黑点规律 .............................................. - 84 -

实训项目三——装配 .......................................... - 87 -

一、装配的概念及装配类型 .................................. - 89 -

二、装配工艺规程 .......................................... - 90 -

三、装配精度 .............................................. - 92 -

四、装配方法 .............................................. - 94 -

五、典型机构的装配 ........................................ - 95 -

参考文献 .................................................... 118 -

# 实训项目一

任务一　钳工基础认知与实践

任务二　识读图纸

任务三　基本测量

# 任务一  钳工基础认知与实践

钳工是以手工操作为主，利用手动工具和机械设备进行切削加工、产品组装、设备修理的工种。钳工作业主要包括划线、錾削、锯割、锉削、钻削、攻螺纹、套螺纹、研磨、刮削、装配和维修等。钳工是机械制造中最古老的金属加工技术。虽然现在各种机床的发展逐步实现了机械化和自动化，但是钳工凭借其特有的加工方式仍然得到广泛应用。

**知识与技能目标**

* 了解钳工工作的主要内容；
* 掌握钳工常用设备的使用方法和适用范围；
* 掌握钳工工作的各项安全操作规程。

**工作准备**

* 钳工实训场地及常用设备。

**理论知识**

## 一、钳工概述

钳工主要使用手工工具进行切削加工或对零部件进行装配，它是机械制造中的重要工种之一。其特点是手工操作多、灵活性强、工作范围广、技术要求高，且操作者本身的技能水平直接影响加工质量。

虽然现在各种机器设备的发展逐步实现了机械化和自动化，但是钳工凭借其特有的加工方式仍然得到广泛应用。钳工加工灵活，在不适合机械加工的场合，在单件小批量生产或缺乏设备条件的情况下，采用钳工制造某些零件仍是一种经济实用的方法。尤其是划线、刮削、研磨和机械装配等钳工作业，至今尚无适当的机械化设备可以全部代替。在机械设备的维修工作中，钳工操作可获得满意的效果。

技术熟练的钳工可加工出形状复杂和高精度的零件，有些零件甚至比现代化机床加工的零件还要精密。钳工还可以加工出连现代化机床也无法加工的形状非常复杂的零件，如高精度量具、精密的样板、复杂的模具等。

钳工基本操作技能主要包括划线、锯割、錾削、锉削、孔加工、刮削、研磨、矫正、弯曲、铆接和装配等。

钳工要加强基本操作技能练习，严格要求，规范操作，多练多思，勤劳创新。基本操作技能是进行产品生产的基础，也是钳工专业技能的基础。因此，只有熟练掌握钳工基础知识和基本技能，才能在今后的工作中逐步做到得心应手、运用自如。

钳工基本操作技能较多，各项技能的学习与掌握又具有一定的相互依赖关系，因此必须循序渐进，由易到难，由简单到复杂，一步一步将每项技能按要求学习好、掌握好。基本操作技能是技术知识、技巧和力量的结合，不能偏废任何一个方面。要自觉遵守纪律，要有吃苦耐劳的精神，严格按照每项技能的操作要求进行操作。只有这样，才能很好地完成基础训练。

# 二、钳工常用设备

## 1. 台虎钳

台虎钳是用来夹持工件的通用夹具，其规格用钳口宽度来表示。常用规格有 100mm、125mm、150mm 等。台虎钳通常按其结构分为固定式和回转式两种，回转式台虎钳钳身可以旋转，能满足工件不同方位的加工，使用比较方便，应用非常广泛。

（1）台虎钳的结构

回转式台虎钳的结构如图 1-1-1 所示。

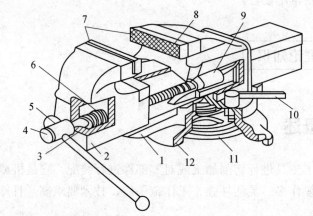

1—固定钳身；2—活动钳身；3—弹簧；4—丝杠；5—手柄；6—挡圈；7—钳口；
8—钳口螺钉；9—螺母；10—转座锁紧手柄；11—夹紧盘；12—转座

**图 1-1-1　回转式台虎钳的结构**

活动钳身通过导轨与固定钳身做滑动配合。丝杠装在活动钳身上，可以旋转，但不能轴向移动，并与安装在固定钳身内的丝杠螺母配合。摇动手柄使丝杠旋转，就可以带动活动钳身相对于固定钳身做轴向移动，起夹紧或放松的作用。弹簧借助挡圈和开口销固定在丝杠上，其作用是当放松丝杠时，可使活动钳身及时退出。在固定钳身和活动钳身的钳口工作面上制有交叉的网纹，使工件夹紧后不易产生滑动。钳口经过热处理淬硬，具有较好的耐磨性。固定钳身装在转座上，并能绕转座轴心线转动，当转到要求的方向时，扳动锁紧手柄使夹紧螺钉旋紧，便可在夹紧盘的作用下把固定钳身固紧。转座上有三个螺栓孔，用以与钳台固定。

（2）台虎钳的使用及维护保养方法

① 安装台虎钳时，必须使钳口工作面处于钳台的边缘，以确保夹持长工件时下端不受阻碍。

② 台虎钳在钳台上的固定要牢靠，工作时应该注意左右两个转座手柄必须扳紧，以免损坏钳台和虎钳及影响工件的加工。

③ 夹紧工件时，只能用手的力量扳紧丝杠手柄，不能借助其他工具敲击，以免丝杠、螺母及钳身因受力过大而损坏。

④ 夹持工件所需力量的大小，应视工件的精度、表面粗糙度、刚度及操作要求而定。原则是既要夹紧，又不能损伤和破坏工件质量。

⑤ 台虎钳使用后应该立即清除钳身上的切屑，特别是把丝杠和导向面擦干净，并加适量机油，有利于润滑和防锈。

2. 钳工台

钳工台（又称钳台）常用硬质木板或钢材制成，要求坚实、平稳，台面高度为800～900mm，台面上装有台虎钳和防护网，如图1-1-2所示。

**图1-1-2　钳工台**

台虎钳在钳工台上安装时，必须使固定钳身的工作面处于钳工台边缘以外，以保证夹持长条形工件时，工件的下端不受钳工台边缘的阻碍。钳工台的长度和宽度则随工作而定。钳工台使用中应当注意以下几点：

① 钳工台上放置的各种工具和工件不要处于钳工台边缘外部。

② 钳工台上不要放置重物，并把量具、工具和工件摆放整齐，防止碰撞。

③ 工件加工完毕，应马上清除切屑及杂物，保持钳工台整洁。

### 3. 砂轮机

砂轮机是用来磨去工件或材料的毛刺和锐边，以及刃磨钻头、刮刀等刀具或工具的简易机器。其主要由基座、砂轮、电动机、托架、防护罩等组成。按砂轮机外观分为台式（见图1-1-3）和立式两种。

**图 1-1-3　台式砂轮机**

### 4. 台式钻床

台式钻床简称台钻，是一种体积小巧、操作简便，通常安装在专用工作台上使用的小型孔加工机床，如图1-1-4所示。台式钻床钻孔直径一般在13 mm以下，最大不超过16 mm。其主轴变速一般通过改变三角带在塔型带轮上的位置来实现，主轴进给靠手动操作。

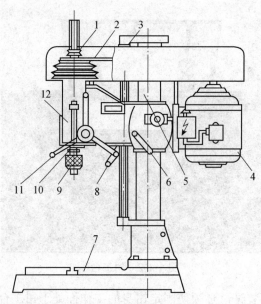

1—塔轮；2—V型皮带；3—丝杠架；4—电动机头；5—立柱；6—锁紧手柄；7—工作台；
8—升降手柄；9—钻夹；10—主轴；11—进给手柄；12—头架

**图 1-1-4　台式钻床**

操作台式钻床的相关事项如下：

① 主轴转速的调整：应根据钻头直径和加工材料的不同来选择合适的主轴转速。调整时应先停止主轴的运转，打开带罩，用手转动皮带轮（塔轮），并将三角皮带挂在小皮带轮上，

然后再挂在大皮带轮上，用手转动，直至挂到所需转速的带轮为止。

② 工作台位置的调整：先用左手托住工作台，再用右手松开锁紧手柄，并摆动工作台使其上下移动到所需位置，然后扳紧锁紧手柄。

③ 主轴的进给是靠进给手柄来实现的。钻孔前要先检查工件放置的高度是否合适。进给速度要均匀，不能太大力和过快。

# 三、安全操作规程

## 1. 钳工安全操作规程

① 工作前，应对工作现场和所需工、量具进行检查。操作前，应先熟悉图纸、工艺及相关的技术要求，严格按规定进行加工。

② 使用虎钳，应根据工件精度要求加放软钳口，不允许在钳口上猛力敲打工件。扳紧虎钳时，用力应适当，不能使用加力杆；虎钳使用完毕，须将虎钳打扫干净，并将钳口松开。

③ 使用手锤时，首先要检查把柄是否松脱，并擦净油污。握手锤的手不准戴手套。锤头、錾子、冲头尾部不准有裂缝、卷边及毛刺，錾切工件时要注意自己和他人不要被切屑击伤。

④ 使用的锉刀必须带锉刀柄，锉刀柄不得有裂缝，必须有箍。操作中除锉圆面外，锉刀不得上下摆动，应重推、轻拉，保持水平运动。锉刀放置不得伸出工作台外，不准用锉刀撬、砸、敲打其他物品。锉刀不得沾油，存放时不得互相叠放。

⑤ 锯割开始或将要切断时，须轻轻推锯，以防滑出碰手或使锯条断裂；锯条装夹不宜过松或过紧，以免断裂；锯割工件用虎钳夹持时，锯切位置不宜伸出过长，工件要夹紧。

⑥ 攻丝与铰孔时，必须检查板牙、板牙架、丝锥和铰杠是否有损坏或裂纹。丝锥与铰刀中心均要与孔中心一致，要垂直于工件，用力要均匀。攻、套丝时，应注意反转，必要时加润滑油，以免损坏板牙和丝锥；铰孔时不准反转，以免刀刃崩坏。

⑦ 正确掌握量具、刃具的使用方法和维护方法，测量时均应轻而平稳，不可在毛坯等粗糙表面上测量；测量时，量具一定要与被测工件的表面垂直或平行；使用百分表时，应将表与表架固定在表座上，避免倾斜和摆动。

⑧ 划线平台要保持洁净，搬动时要防止平面划伤，保持平台工作面的精度。

⑨ 装配中所用扳手、起子、铜棒等工具均要符合规定，用力不能过猛，以防打滑发生事故。装配零件时，注意不要接近火种。装配时要按装配工艺操作规程进行。

⑩ 钻床速度不能随意变更，如要调整，须经指导教师同意，停车后才能调整。钻孔时工件必须夹于虎钳中，严禁用手握住工件；钻孔将要穿透时，应十分小心，不可用力过猛，并按操作规程进行。

⑪ 使用砂轮刃磨工具时，要听从教师指导，并按操作规程进行。

## 2. 钻床安全操作规程

① 未经指导教师同意不得使用钻床。

② 使用前必须全面检查，一切正常后方可使用。

③ 最大钻孔直径不得超过 16mm，调整高度时必须握紧手柄。

④ 使用时工件要紧固在平口钳上，集中精力操作，摇臂和拖板必须锁紧后方可工作；装卸钻头时不可用手锤和其他工具敲打，也不可借助主轴上下往返撞击钻头，应使用专用钥匙和扳手来装卸，钻夹头不得夹锥形柄钻头。

⑤ 钻孔将要钻透时压力要轻，严禁手摸、嘴吹铁屑。

⑥ 钻头在运转时，袖口、头发要扎紧，严禁戴手套，禁止用棉纱和毛巾擦拭钻床及清除铁屑。女生及其他长发者须戴工作帽。

⑦ 钻孔时精力集中，严禁谈笑，使用后必须清理现场。

⑧ 钻孔时出现意外，应立即停车。如果发生事故，应立即报告。

3. 砂轮机安全操作规程

① 未经指导教师许可不得随便使用砂轮机。使用时应精力集中，要检查砂轮机运转是否正常，只有正常情况下才能使用。

② 砂轮必须安装砂轮罩，托架距砂轮不得超过 5mm。

③ 使用者要戴防护镜，不得正对砂轮，而应站在侧面。使用砂轮机时，不准戴手套，严禁使用棉纱等物包裹刀具进行磨削。

④ 不得二人同时使用砂轮机，严禁在砂轮侧面磨削，严禁在磨削时嬉笑与打闹。

⑤ 磨削时的站立位置应与砂轮机成一夹角，且接触压力要均匀，严禁撞击砂轮，以免砂轮碎裂。

⑥ 砂轮只限于磨刀具，不得磨笨重的物料或薄铁板，以及软质材料（铝、铜等）和木制品。

⑦ 砂轮机启动后，须待砂轮运转平稳后，方可进行磨削，压力不可过大。砂轮的三面（两侧及圆周）不得同时磨削工件。

⑧ 新砂轮片在更换前应检查是否有裂纹，更换后须经 10 min 空转后方可使用。在使用过程中要经常检查砂轮片是否有裂纹、异常声音、摇摆、跳动等现象，如果发现上述现象，应立即停机并报告指导教师。

⑨ 使用后必须拉闸，要保持清洁卫生。

 实训操作

本任务的实训操作如下：

① 熟记各项安全操作规程。

② 拆装回转式台虎钳，了解其结构及工作原理。

③ 观察台式钻床外观结构，根据所学内容在教师指导下进行拆装，了解其结构及工作原理。

## 评分标准

本任务的评分标准见表 1-1-1。

表 1-1-1　钳工基础认知与实践评分标准

| 实训项目 | | 钳工基础认知与实践 | | | |
|---|---|---|---|---|---|
| 序号 | 检测内容 | 配分 | 评分标准 | 学生自评 | 教师评分 |
| 1 | 了解钳工的工作性质和内容 | 20 | 酌情扣分 | | |
| 2 | 掌握钳工常用设备的工作原理及使用方法 | 40 | 酌情扣分 | | |
| 3 | 熟记各项安全操作规程 | 40 | 酌情扣分 | | |
| 综合得分 | | 100 | | | |
| 系部 | | 班级 | | 姓名 | 学号 |
| 教师评语 | | | | | |

# 任务二　识读图纸

　　机械制图是研究机械图样,用机械图样确切表示机械的结构形状、尺寸大小、工作原理和技术要求的学科。

　　机械图样由图形、符号、文字和数字等组成,是表达设计意图和制造要求及交流经验的技术文件,常被称为工程界的语言。它是表达设计对象和进行生产与技术交流的重要工具,是机械制造业中用来指导生产的技术文件。

## 知识与技能目标

* 掌握阅读零件图、装配图的方法;
* 能看懂一般机械装置的装配图。

## 工作准备

平口钳装配图纸。

在根据生产图纸制造机器零件的过程中，看图是个很重要的环节。如果看不懂图纸或理解错了，就会给生产带来不应有的损失。所以，有必要研究如何看懂图纸。

## 一、看零件图的基本方法

在生产实践中，看零件图必须搞清以下几方面：零件的结构形状、零件结构的大小、图中对零件制造的技术要求等。

首先看标题栏（右下角）里面的对象名称、数量、材料、比例等信息。再看视图，分析和想象零件的结构形状，一般采用下述方法：

① 首先分析视图，弄清剖视图的剖切位置及目的。

② 着眼于最能反映零件形状特征的视图，通常为主视图，并联系其他视图，运用基本形体的视图特性进行形体分析，从而大致想象出构成零件的基本形体。在此基础上，进一步看懂各个部分的结构。

③ 对图线进行线、面分析。根据视图的形成规律和线、面的视图特性，逐个分析线框，从而想象出细微结构。

④ 通过尺寸了解零件的形状大小。在看懂零件形状的基础上，再去看零件的尺寸，也就是审查零件图是否有足够的大小尺寸与定位尺寸。审查时可以从组成零件的每个形体入手，同时要联系其他部分和整个零件。

综上所述，在阅读零件图时应注意以下几点：

第一，首先着眼于主视图，同时联系其他视图，从而想象出零件的大致形状，而不应孤立地看某一个视图。

第二，对不易想象的某些图线，要结合各视图的对应线框进行线、面分析，从而想象出零件的局部结构，不应孤立地看某一视图的某一线框。

第三，读剖视图时，应首先弄清剖切位置，然后将有剖切位置的视图和剖视图联系起来，从而想象出零件的结构形状。

第四，在读图时，还应结合视图中的尺寸，帮助看懂零件形状和确定零件大小。

## 二、看装配图的基本方法

通过识读装配图，可以了解装配体的名称、规格、性能、功用和工作原理，还可以了解装配体中各零件间的相互位置、装配关系、传动路线及每个零件的作用、主要零件的结构形状和使用方法、拆装顺序等。所以识读装配图是设计、制造、检验、运行、检修、安装等工作中必须掌握的技能。

识读装配图的一般步骤如下。

## 1. 概括了解

先看标题栏，了解装配体的名称及用途、图形比例。从装配体的名称联系生产实践知识，往往可以知道装配体的大致用途。通过初步观察，结合阅读有关资料、说明书等，对装配体的结构、工作原理有个概括了解。通过图形比例，即可大致确定装配体的大小。

再从明细栏了解零件的名称和数量，并在视图中找出相应零件所在的位置。

另外，浏览一下所有视图、尺寸和技术要求，初步了解该装配图的表达方法及各视图间的大致对应关系，以便为进一步看图打下基础。

## 2. 分析视图

分析装配体的工作原理，装配体的装配连接关系，装配体的结构组成情况及润滑、密封情况，以及零件的结构形状。要对照视图，按视图间的投影关系，利用零件序号和明细栏，以及剖视图中剖面线的差异，分清图中前后件、内外件间的相互遮盖关系，将零件逐一从复杂的装配关系中分离出来。了解零件的结构、作用，想出其结构形状。

分离时，可按零件的序号顺序进行，以免遗漏。标准件、常用件往往一目了然，比较容易看懂。轴套类、轮盘类和其他简单零件一般通过一个或两个视图就能看懂。对于一些比较复杂的零件，应根据零件序号指引线所指部位，分析出该零件在该视图中的范围及外形，然后对照投影关系，找出该零件在其他视图中的位置及外形，并进行综合分析，想象出该零件的结构形状。

在分离零件时，利用剖视图中剖面线的方向或间隔的不同，以及零件间互相遮挡时的可见性规律来区分零件是十分有效的。

对照投影关系时，借助三角板、分规等工具，往往能大大提高看图的速度和准确性。

对于运动零件的运动情况，可按传动路线逐一进行分析，分析其运动方向、传动关系及运动范围。分析尺寸及技术要求，进一步了解装配体的规格、外形大小及零件之间的装配要求和安装方法等。

## 3. 归纳总结

一般可按以下几个主要问题进行：

① 装配体的功能是什么？其功能是怎样实现的？在工作状态下，装配体中各零件起什么作用？运动零件之间是如何协调运动的？

② 装配体的装配关系、连接方式是怎样的？有无润滑、密封？其实现方式如何？

③ 装配体的拆卸及装配顺序如何？

④ 装配体如何使用？使用时应注意什么事项？

⑤ 装配图中各视图的表达重点是什么？是否还有更好的表达方案？装配图中所注尺寸各属哪一类？

上述读装配图的方法和步骤仅是一个概括的说明。实际读图时几个步骤往往是平行或交叉进行的。因此，读图时应根据具体情况和需要灵活运用这些方法，通过反复的读图实践，逐渐掌握其中的规律，提高读装配图的速度和能力。

通过以上步骤，一般能对装配体的工作原理、装配连接关系、零件的结构形状等有较为全面的认识，并能搞清其传动路线、装拆顺序及安装和使用中应注意的问题。

**实训操作**

下面以平口钳装配图（见图1-2-1）为例，介绍识读装配图的一般方法和步骤。

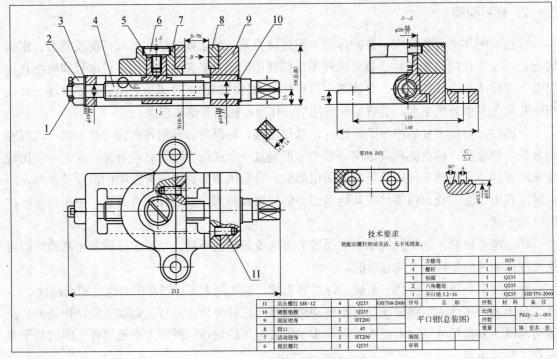

| 5 | 方螺母 | 1 | H59 | |
| 4 | 螺杆 | 1 | 45 | |
| 3 | 垫圈 | 1 | Q235 | |
| 2 | 六角螺母 | 1 | Q235 | |
| 1 | 开口销3.2×16 | 1 | Q235 | GB/T91-2000 |

| 11 | 沉头螺钉M8×12 | 4 | Q235 | GB/T68-2000 | 序号 | 名 称 | 件数 | 材 料 | 备注 |
| 10 | 调整垫圈 | 1 | Q235 | | | | 比例 | | PKQ—Z—001 |
| 9 | 固定钳身 | 1 | HT200 | | | 平口钳(总装图) | 件数 | | |
| 8 | 钳口 | 2 | 45 | | | | 重量 | | 第 张共 张 |
| 7 | 活动螺钉 | 1 | HT200 | | 制图 | | | | |
| 6 | 提拉螺钉 | 1 | Q235 | | 审核 | | | | |

**图1-2-1 平口钳装配图**

### 1. 概括了解

从标题栏中可知，该装配体叫平口钳。共有11种零件，其中标准件为4种，其余为非标准件。该装配体共用了三个基本视图、一个向视图、一个局部放大视图来表示。

### 2. 分析视图

从图1-2-1中可以看出，装配图由主、俯、左三个基本视图组成。主视图按自然工作位置放置，为了反映平口钳的装配关系、工作原理及内部结构，采用了单一剖的全剖视图。俯视图表达了平口钳的外部结构和形状，并采用了局部剖来反映钳口和钳身的连接。左视图采用了半剖视图，反映了方螺母与活动钳身、固定钳身的装配关系。

以主视图为中心，结合其他视图，对照明细栏和零件编号，逐一了解各零件的形状。由于我们已熟悉了标准件和常用件的表达方法及其连接形式，因此首先把它们从图上识别出来；再按先简单后复杂的顺序来识读剩下的非标准件，将看懂的零件逐个"分离"出去；最后，集中精力分析较繁杂的零件。在平口钳装配图中，首先把螺杆、方螺母、提拉螺钉从图形中"分离"出去，再将活动钳身、钳口"取走"，就只剩下固定钳身了，再按识读零件图的方法，将该零件的形状看懂。

3. 分析尺寸及技术要求

① 分析尺寸：总体尺寸为212mm×140mm×59mm，安装尺寸为110mm，工作范围为0～70mm。

② 分析技术要求：装配后螺杆转动灵活。

4. 归纳总结

通过分析，我们可以总结出：平口钳的工作原理是转动螺杆，使方螺母带动活动钳身在固定钳身上运动，从而夹紧工件。

评分标准

本任务的评分标准见表1-2-1。

表1-2-1　识读平口钳装配图评分标准

| 实训项目 | | 识读平口钳装配图 | | | | |
|---|---|---|---|---|---|---|
| 序号 | 检测内容 | 配分 | 评分标准 | 学生自评 | 教师评分 | |
| 1 | 了解标题栏信息 | 10 | 酌情扣分 | | | |
| 2 | 利用零件序号和明细栏及剖视图分清图中前后件、内外件间的相互遮盖关系 | 25 | 酌情扣分 | | | |
| 3 | 清楚平口钳各零件的形状，了解零件的结构、作用 | 25 | 酌情扣分 | | | |
| 4 | 了解零件之间的装配要求和安装方法 | 25 | 酌情扣分 | | | |
| 5 | 对平口钳装配连接关系有较为全面的认识 | 15 | 酌情扣分 | | | |
| 综合得分 | | 100 | | | | |
| 系部 | 班级 | | 姓名 | | 学号 | |
| 教师评语 | | | | | | |

# 任务三　基本测量

在制造过程中，为了确保零件和产品的质量，必须应用一定精度的工具来测量和检验各种零件尺寸、形状和位置精度。用来测量、检验零件及产品尺寸和形状的工具叫作量具。量具种类很多，根据其用途和特点，可分为三种类型，即万能量具、专用量具和标准量具。

### 1. 万能量具（通用量具）

这类量具一般都有刻度，在测量范围内可以测量零件和产品的形状及尺寸的具体数值，如钢直尺、游标卡尺、千分尺和百分表等。

### 2. 专用量具

这类量具是专门为检测工件某一技术参数而设计制造的，不能测出实际尺寸，只能测定零件和产品的形状及尺寸是否合格。

### 3. 标准量具

这类量具通常用来校对和调整其他量具，也可以作为标准与被测量件进行比较。

知识与技能目标

* 了解量具的基本结构、作用、原理及特点；
* 学会正确使用常用量具。

工作准备

量具准备：钢直尺、游标读数量具、万能角度尺、千分尺、指示式量具、塞尺、刀口尺、卡钳。

理论知识

## 一、钢直尺

钢直尺是最简单的长度量具，用不锈钢片制成。它的测量长度规格有 150mm、200mm、300mm、500mm 等几种。如图 1-3-1 所示是常用的 150mm 钢直尺。

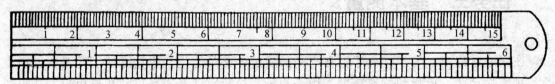

图 1-3-1　150mm 钢直尺

钢直尺用于测量零件的长度尺寸，由于钢直尺的刻线间距为 1mm，而刻线本身的宽度就有 0.1~0.2mm，所以测量时读数误差比较大，只能读出毫米数，即它的最小读数值为 1mm，比 1mm 小的数值，只能估计得出。

如果用钢直尺直接测量零件的直径尺寸（轴径或孔径），则测量精度更差。其原因是：除了钢直尺本身的读数误差比较大以外，钢直尺无法正好放在零件直径的准确位置。所以，对于零件的直径尺寸，一般利用钢直尺和内、外卡钳配合进行测量。

## 二、游标读数量具

应用游标读数原理制成的量具有游标卡尺、高度游标卡尺、深度游标卡尺等。

### 1. 游标卡尺

（1）游标卡尺的结构

游标卡尺是一种常用量具，具有结构简单、使用方便、精度中等和测量的尺寸范围大等特点，可以用它来测量零件的外径、内径、长度、宽度、厚度、深度和孔距等，应用范围很广。

游标卡尺测量范围可分为 0~125mm、0~150mm、0~200mm、0~300mm 等，最大可测 3000mm。目前，常用游标卡尺的测量精度为 0.02mm。常用的游标卡尺有如图 1-3-2（a）、（b）所示两种结构形式。

测量范围为 0~150mm 的游标卡尺，制成带有上、下量爪和深度尺（深度测量杆）的形式，如图 1-3-2（a）所示。

游标卡尺由主尺（尺身）和副尺（游标）两部分构成。游标上部有一紧固螺钉，可将游标固定在尺身上的任意位置。尺身和游标都有量爪，利用内测量爪可以测量槽的宽度和管的内径，利用外测量爪可以测量零件的厚度和管的外径。深度尺（深度测量杆）与游标尺连在一起，可以测槽和筒的深度。

测量范围为 0~200mm 和 0~300mm 的游标卡尺，可制成如图 1-3-2（b）所示的形式，其上有带有内、外测量面的下量爪和带有刀口的上量爪。

（2）游标卡尺的读数原理和读数方法

游标卡尺（以测量精度为 0.02mm 的为例）的游标上有 50 个等分刻度，它们的总长度与尺身上 49 个等分刻度的总长度相等，主尺每格为 1mm，那么游标每小格是 49/50=0.98mm，主尺与游标每格相差 1-0.98=0.02mm，如图 1-3-3 所示。

如图 1-3-4 所示，读数时首先以游标零刻度线为准在尺身上读取毫米整数，即以毫米为单位的整数部分。然后看游标上第几条刻度线与尺身的刻度线对齐，图中游标零线在 123mm 与 124mm 之间，游标上的 第 16 格刻线与主尺刻线对准。所以，被测尺寸的整数部分为 123mm，小数部分为 16×0.02=0.32mm，被测尺寸为 123 + 0.32=123.32mm。

判断游标上哪条刻度线与尺身刻度线对准，可用下述方法：选定相邻的三条线，如左侧的线在尺身对应线之右，右侧的线在尺身对应线之左，便可以认为中间那条线是对准了的。

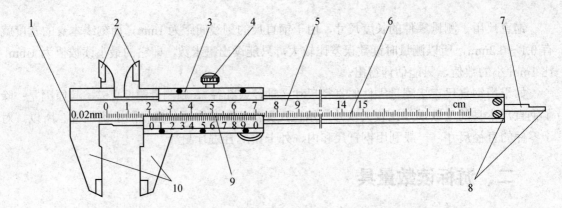

1—尺身端面；2—上量爪（刀口内量爪）；3—尺框；4—紧固螺钉；5—尺身；6—主标尺；
7—深度测量杆；8—深度测量面；9—游标；10—下量爪

(a)

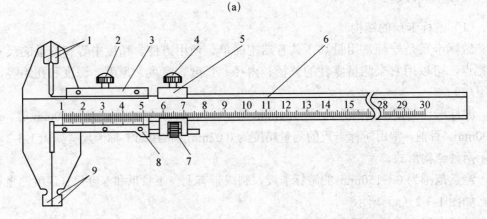

1—上量爪；2—紧固螺钉；3—尺框；4—紧固螺钉；5—微动装置；
6—主尺；7—微动螺母；8—游标；9—下量爪

(b)

图 1-3-2　游标卡尺

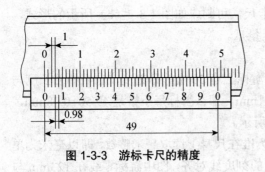

图 1-3-3　游标卡尺的精度

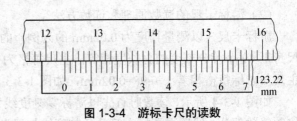

图 1-3-4　游标卡尺的读数

## 2. 高度游标卡尺

高度游标卡尺如图 1-3-5 所示，用于测量零件的高度和精密划线。它的结构特点是用质量较大的基座 4 代替固定量爪 5，而活动的尺框 3 则通过横臂装有测量高度和划线用的量爪，量爪的测量面上镶有硬质合金，以提高量爪使用寿命。高度游标卡尺的测量工作，应在平台上进行。当量爪的测量面与基座的底平面位于同一平面时，如在同一平台上，主尺 1 与游标 6 的零线相互对准。所以在测量高度时，量爪测量面的高度就是被测零件的高度，它的具体数值与游标卡尺一样可在主尺（整数部分）和游标（小数部分）上读出。应用高度游标卡尺划线时，先调好划线高度，再用紧固螺钉 2 把尺框锁紧，然后进行划线，如图 1-3-6 所示。

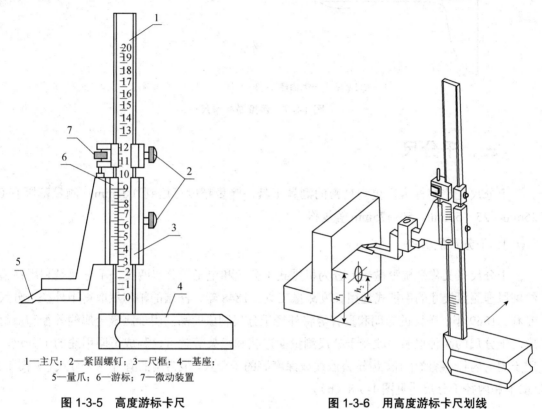

1—主尺；2—紧固螺钉；3—尺框；4—基座；
5—量爪；6—游标；7—微动装置

图 1-3-5　高度游标卡尺　　　　　　　图 1-3-6　用高度游标卡尺划线

## 3. 深度游标卡尺

深度游标卡尺如图 1-3-7 所示，用于测量零件的深度尺寸，如台阶高度和槽的深度。它的结构特点是，尺框 3 的两个量爪连在一起成为带游标的测量基座 1，基座的端面和尺身 4 的端面就是它的两个测量面。

测量时，先把测量基座轻轻压在工件的基准面上，两个端面必须接触工件的基准面。测量轴类等台阶时，测量基座的端面一定要压紧基准面，再移动尺身，直到尺身的端面接触工件的测量面（台阶面）；然后用紧固螺钉固定尺框，提起卡尺，读出深度尺寸。多台阶小直径的内孔深度测量，要注意尺身的端面是否在要测量的台阶上。当基准面是曲线时，测量基座的端面必须放在曲线的最高点上，测量出的深度尺寸才是工件的实际尺寸，否则会出现测量误差。

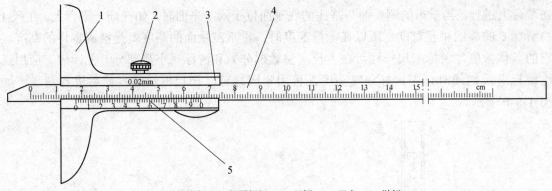

1—测量基座；2—紧固螺钉；3—尺框；4—尺身；5—游标

**图 1-3-7　深度游标卡尺**

# 三、千分尺

千分尺是比游标卡尺更为精密的测量工具，测量精度可达到 0.01mm，测量范围有 0～25mm、25～50mm、50～75mm 等规格。

## 1. 千分尺的分类

千分尺（又称螺旋测微器）分为机械式千分尺和电子千分尺两类。千分尺是利用精密螺纹副原理测量尺寸的手携式通用长度测量工具。1848 年，法国的帕尔默取得了外径千分尺的专利。1869 年，美国的布朗和夏普等将外径千分尺制成商品，用于测量金属线外径和板材厚度。千分尺的品种很多。改变千分尺测量面形状和尺架等就可以制成不同用途的千分尺，如用于测量内径、螺纹中径、齿轮公法线或深度等的千分尺，最常用的有外径千分尺［见图 1-3-8（a）］和内径千分尺［见图 1-3-8（b）］。

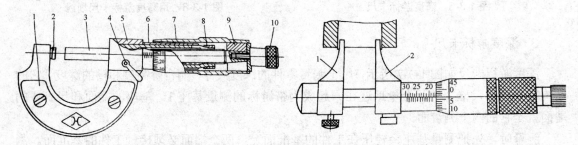

1—尺架；2—砧座；3—测微螺杆；4—锁紧装置；5—螺纹轴套；
6—固定套管；7—微分筒；8—螺母；9—接头；10—棘轮

(a) 外径千分尺　　　　　　　　　　　　　(b) 内径千分尺

**图 1-3-8　外径千分尺和内径千分尺**

## 2. 千分尺的结构

千分尺的结构如图 1-3-8（a）所示，3 为测微螺杆，它的一部分加工成螺距为 0.5mm 的螺纹，它在固定套管 6 的螺套中转动时将前进或后退，微分筒 7 和螺杆连成一体，其外周等分成 50 个分格。螺杆转动的整圈数由固定套管 6 上间隔 0.5mm 的刻线去测量，不足一圈的部分由微分筒 7 外周的刻线去测量。所以用千分尺测量长度时，读数也分为两步。

① 从微分筒 7 的前沿在固定套管 6 上的位置，读出整圈数。

② 从固定套管 6 上的横线所对微分筒 7 上的分格数，读出不到一圈的小数，二者相加就是测量值。

千分尺的尾端有一装置，拧动可使测杆移动，当测杆和被测物接触后的压力达到某一数值时，棘轮 10 将滑动并发出"咔咔"的响声，活动套管不再转动，测杆也停止前进，这时就可以读数了。

不夹被测物而使测杆和砧座 2 相接时，活动套管上的零线应当刚好和固定套管上的横线对齐。实际操作过程中，由于使用不当，初始状态可能存在零误差，即有一个不等于零的读数。所以，在测量时要先看有无零误差，如果有，则须用专用扳手调至零位。

### 3. 千分尺的原理

千分尺是依据螺旋放大原理制成的，即螺杆在螺母中旋转一周，螺杆便沿着旋转轴线方向前进或后退一个螺距的距离。因此，沿轴线方向移动的微小距离，就能用圆周上的读数表示出来。千分尺的精密螺纹的螺距是 0.5mm，可动刻度有 50 个等分刻度，可动刻度旋转一周，测微螺杆可前进或后退 0.5mm，因此旋转每个小分度，相当于测微螺杆前进或退后 0.5/50=0.01mm。可见，可动刻度每分度表示 0.01mm，所以千分尺可准确到 0.01mm，如图 1-3-9 所示。由于还能估读一位，因此可读到毫米的千分位。

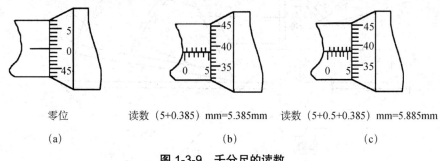

| 零位 | 读数（5+0.385）mm=5.385mm | 读数（5+0.5+0.385）mm=5.885mm |
| --- | --- | --- |
| (a) | (b) | (c) |

**图 1-3-9　千分尺的读数**

测量时，当砧座 2 和测微螺杆 3 并拢时，微分筒 7 可动刻度的零点若恰好与固定刻度的零点重合，旋出测微螺杆 3，并使砧座 2 和测微螺杆 3 的端面正好接触待测工件的两端，那么测微螺杆 3 向右移动的距离就是所测的长度。这个距离的整毫米数由固定刻度读出，小数部分则由微分筒 7 可动刻度读出。

## 四、万能角度尺

万能角度尺又称角度规、游标角度尺和万能量角器，它是利用游标读数原理来直接测量工件角度或进行划线的一种量具。万能角度尺适用于机械加工中内、外角度的测量，可测 0°～320°范围内的任意角度。

### 1. 万能角度尺的原理及结构

万能角度尺是用来测量工件内、外角度的量具，其结构如图 1-3-10 所示。它由主尺、基尺、游标、扇形板、90°角尺、直尺、制动器、卡块等组成。

万能角度尺的读数机构是根据游标原理制成的。主尺刻线每格为 1°，游标的刻线是取主尺的 29°等分为 30 格，因此游标刻线每格为 29°/30，即主尺与游标一格的差值为 2′，也就是说万能角度尺读数准确度为 2′，其读数方法与游标卡尺完全相同。

万能角度尺有Ⅰ型、Ⅱ型两种，其测量范围分别为 0°～320°和 0°～360°，常用的是Ⅰ型万能角度尺。

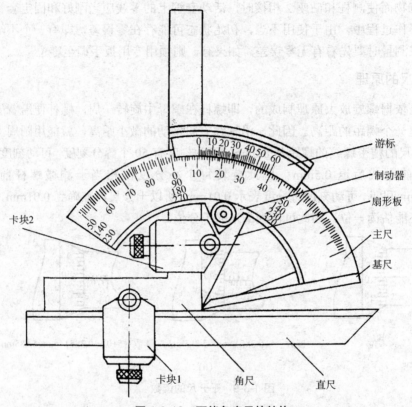

图 1-3-10　万能角度尺的结构

### 2. 万能角度尺的读数方法

先读出主尺游标零线前的角度是几度，再从游标上读出角度"分"的数值，两者相加就是被测零件的角度数值。在万能角度尺上，基尺是固定在尺座上的，角尺用卡块固定在扇形板上，可移动尺用卡块固定在角尺上。若把角尺拆下，也可把直尺固定在扇形板上。由于角尺和直尺可以移动和拆换，万能角度尺可测范围为 0°～320°。

角尺和直尺全装上时，可测量 0°～50°的外角度；仅装上直尺，可测量 50°～140°的角度；仅装上角尺时，可测量 140°～230°的角度；把角尺和直尺拆下，可测量 230°～320°的角度（即可测量 40°～130°的内角度），如图 1-3-11 所示。

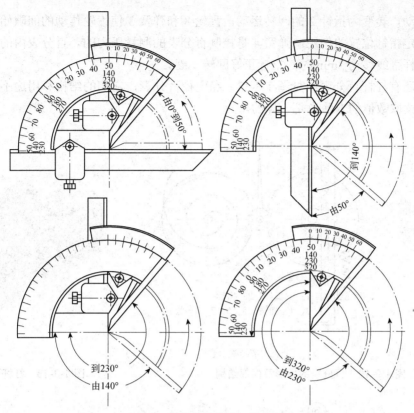

图 1-3-11　万能角度尺的应用

　　万能角度尺的尺座上，基本角度的刻线只有0°～90°。如测量的零件角度大于90°，则在读数时，应加上一个基数（90°，180°，270°）。用万能角度尺测量零件角度时，应使基尺与零件角度的母线方向一致，且零件应与万能角度尺的两个测量面接触良好，以免产生测量误差。

# 五、指示式量具

　　指示式量具是以指针指示出测量结果的量具。常用的指示式量具有百分表、千分表、杠杆百分表和内径百分表等，主要用于校正零件的安装位置，检验零件的形状精度和相互位置精度，以及测量零件的内径等。

　　百分表和千分表，都是用来校正零件或夹具的安装位置、检验零件的形状精度或相互位置精度的。它们的结构原理基本相同，只是千分表的读数精度比较高，千分表的读数精度为0.001mm，而百分表的读数精度为0.01mm。由于百分表经常使用，因此，本书主要介绍百分表。

　　百分表的外形如图1-3-12（a）所示。表盘上刻有100个等分格，其刻度值（即读数值）为0.01mm。当指针转一圈时，小指针即转动一小格，转数指示盘的刻度值为1mm。用手转动表圈时，表盘也跟着转动，可使指针对准任一刻线。测量杆是沿着套筒上下移动的，套筒用于安装百分表。

　　图1-3-12（b）是百分表内部结构示意图。带有齿条的测量杆1的直线移动，通过齿轮（5，

6，7）的传动，转变为指针 2 的回转运动。齿轮 8 和弹簧 3 使齿轮传动的间隙始终在一个方向，起着稳定指针位置的作用。弹簧 4 是控制百分表的测量压力的。百分表内的齿轮传动机构，使测量杆直线移动 1mm 时，指针正好回转一圈。

此外，还有杠杆百分表（见图 1-3-13）和内径百分表，它们的结构和用途不同，但工作原理相同，读取数值的方法也是一样的。

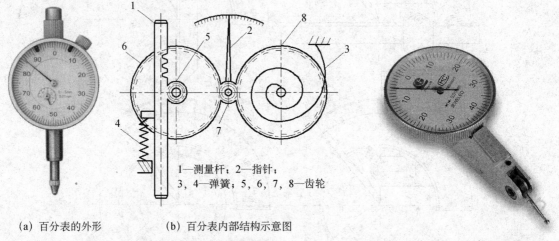

1—测量杆；2—指针；
3，4—弹簧；5，6，7，8—齿轮

(a) 百分表的外形　　(b) 百分表内部结构示意图

图 1-3-12　百分表的外形及内部结构　　　　图 1-3-13　杠杆百分表

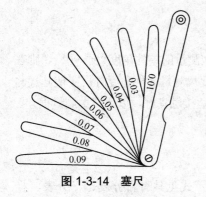

图 1-3-14　塞尺

# 六、塞尺

塞尺又称厚薄规，如图 1-3-14 所示。它由一组薄钢片组成，每片厚度为 0.02～1mm，用于测量两结合面之间较小的间距尺寸。测量时，根据结合面间隙的大小，用一片或数片重叠在一起塞进间隙内。例如，用 0.03mm 的一片能插入间隙，而 0.04mm 的一片不能插入间隙，这说明间隙在 0.03mm 与 0.04mm 之间，所以塞尺也是一种界限量规。

# 七、刀口形直尺

刀口形直尺又称刀口尺，它用于检查平面的平、直误差。测量时将刀口尺与被测表面贴合，如两者之间有间隙，说明平面不平，可用塞尺检测间隙的尺寸。

# 八、内、外卡钳

图 1-3-15 是常见的两种内、外卡钳。内、外卡钳是最简单的比较量具。外卡钳是用来测量外径和平面的，内卡钳是用来测量内径和凹槽的。它们本身都不能直接读出测量结果，而是把测量得到的长度尺寸（直径也属于长度尺寸）通过钢直尺进行读数，或在钢直尺上先取下

所需尺寸，再去检验零件的直径是否符合。

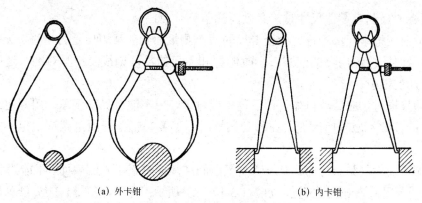

（a）外卡钳　　　　　　　　　（b）内卡钳

**图 1-3-15　内、外卡钳**

卡钳是一种简单的量具，具有结构简单、制造方便、价格低廉、维护和使用方便等特点，广泛应用于要求不高的零件尺寸的测量和检验，尤其是对锻铸件毛坯尺寸的测量和检验，卡钳是最合适的测量工具。卡钳虽然是简单量具，但只要应用得当，也可获得较高的测量精度。例如，用外卡钳比较两根轴的直径大小时，即便轴径相差只有 0.01mm，有经验的老师傅也能分辨得出。又如，用内卡钳与外径百分尺联合测量内孔尺寸时，有经验的老师傅完全有把握用这种方法测量高精度的内孔。

## 1. 钢直尺的使用方法

钢直尺的使用方法如图 1-3-16 所示。

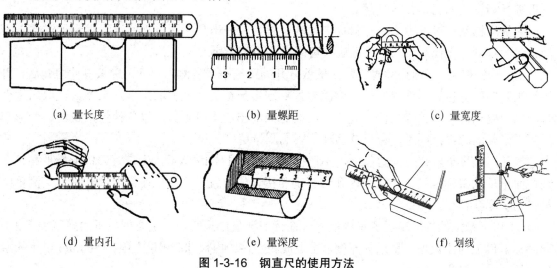

（a）量长度　　　　　　　（b）量螺距　　　　　　　（c）量宽度

（d）量内孔　　　　　　　（e）量深度　　　　　　　（f）划线

**图 1-3-16　钢直尺的使用方法**

### 2. 游标卡尺的使用方法

使用游标卡尺测量零件尺寸时，必须注意下列几点：

① 测量前应把卡尺擦干净，检查卡尺的两个测量面和测量刃口是否平直、无损，把两个量爪紧密贴合时，应无明显的间隙，同时游标和主尺的零位刻线要相互对准。这个过程称为校对游标卡尺的零位。

② 移动尺框时，应活动自如，不应过松或过紧，更不能有晃动现象。用固定螺钉固定尺框时，卡尺的读数不应有所改变。在移动尺框时，不要忘记松开固定螺钉，也不宜过松，以免掉了。

③ 当测量零件的外尺寸时，卡尺两测量面的连线应垂直于被测表面，不能歪斜。测量时，可以轻轻摇动卡尺，放正垂直位置，如图 1-3-17 （a）所示；量爪若在图 1-3-17 （b）所示的错误位置上，将使测量结果比实际尺寸大。先把卡尺的活动量爪张开，使量爪能自由地卡进零件，把零件贴靠在固定量爪上；然后移动尺框，用轻微的压力使活动量爪接触零件。如卡尺带有微动装置，此时可拧紧微动装置上的固定螺钉，再转动调节螺母，使量爪接触零件并读取尺寸。绝不可把卡尺的两个量爪调节到接近甚至小于所测尺寸，把卡尺强行卡到零件上去。这样做会使量爪变形，或使测量面过早磨损，使卡尺失去应有的精度。

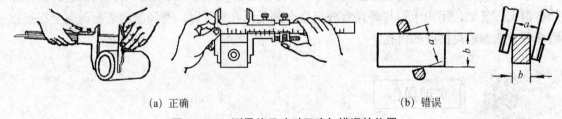

(a) 正确　　　　　　　　　　　　　　(b) 错误

**图 1-3-17　测量外尺寸时正确与错误的位置**

测量沟槽时，应当用量爪的平面测量刃进行测量，尽量避免用端部测量刃和刀口形量爪去测量外尺寸。而对于圆弧形沟槽的尺寸，则应当用刀口形量爪进行测量，不应当用平面测量刃进行测量，如图 1-3-18 所示。

测量沟槽宽度时，也要放正游标卡尺的位置，应使卡尺两测量刃的连线垂直于沟槽，不能歪斜；否则，将使测量结果不准确（可能大，也可能小）。

④ 当测量零件的内尺寸时，要使量爪分开的距离小于所测内尺寸，进入零件内孔后，再慢慢张开并轻轻接触零件内表面，用固定螺钉固定尺框后，轻轻取出卡尺来读数。取出量爪时，用力要均匀，并使卡尺沿着孔的中心线方向滑出，不可歪斜，以免使量爪扭伤、变形和受到不必要的磨损，同时避免尺框移动，影响测量精度。

卡尺两测量刃应在孔的直径上，不能偏斜。如图 1-3-19 所示，为带有刀口形量爪和带有圆柱面量爪的游标卡尺，在测量内孔时正确和错误的位置。当量爪在错误位置时，其测量结果将比实际孔径小。

⑤ 用下量爪的外测量面测量内尺寸，在读取测量结果时，一定要把量爪的厚度加上去，即游标卡尺上的读数加上量爪的厚度，才是被测零件的内尺寸。测量上限在 500mm 以下的游标卡尺，量爪厚度一般为 10mm。

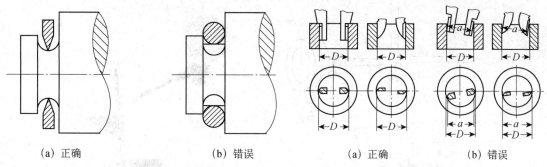

(a) 正确       (b) 错误

图 1-3-18　测量沟槽时正确与错误的位置

(a) 正确       (b) 错误

图 1-3-19　测量内孔时正确与错误的位置

### 3. 千分尺的使用方法

① 使用前，应把千分尺的两个测砧面擦干净，转动测力装置，使两测砧面接触（测量上限大于 25mm 时，在两测砧面之间放入校对量杆或相应尺寸的量块），接触面上应没有间隙和漏光现象，同时微分筒和固定套筒要对准零位。

② 转动测力装置时，微分筒应能自由灵活地沿着固定套筒活动，没有任何卡顿和不灵活的现象。如有活动不灵活的现象，应送计量站及时检修。

③ 测量前，应把零件的被测表面擦干净，以免有脏物存在，影响测量精度。绝对不允许用千分尺测量带有研磨剂的表面，以免降低测量面的精度。用千分尺测量表面粗糙的零件亦是错误的，这样易使测砧面过早磨损。

④ 用千分尺测量零件时，应当手握测力装置的转帽来转动测微螺杆，使测砧表面保持标准的测量压力，即听到"嘎嘎"的声音，表示压力合适，并可开始读数。要避免因测量压力不等而产生测量误差。

⑤ 使用千分尺测量零件时，要使测微螺杆与零件被测量的尺寸方向一致。如测量外径时，测微螺杆要与零件的轴线垂直，不要歪斜。测量时，可在旋转测力装置的同时，轻轻地晃动尺架，使测砧面与零件表面接触良好。

### 4. 百分表的使用方法

使用百分表时，必须注意以下几点：

① 使用前，应检查测量杆活动的灵活性。轻轻推动测量杆时，测量杆在套筒内的移动要灵活，没有任何卡顿现象，且每次放松后，指针能恢复到原来的刻度位置。

② 使用百分表或千分表时，必须把它固定在可靠的夹持架上（如固定在平表座或磁力表座上，如图 1-3-20 所示），夹持架要安放平稳，以免测量结果不准确或摔坏百分表。

用夹持百分表的套筒来固定百分表时，夹紧力不要过大，以免因套筒变形而使测量杆活动不灵活。

### 5. 塞尺的使用方法

① 根据结合面的间隙情况选用塞尺片数，但片数越少越好。

② 测量时不能用力太大，以免塞尺弯曲和折断。

③ 不能测量温度较高的工件。

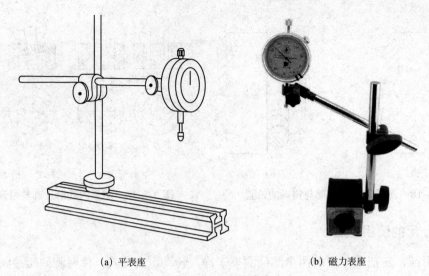

(a) 平表座          (b) 磁力表座

**图 1-3-20 百分表座**

### 6. 内卡钳配合外径百分尺测量内径的方法

利用内卡钳在外径百分尺上读取准确的尺寸，如图 1-3-21 所示，再去测量零件的内径；或内卡钳在孔内调整好与孔接触的松紧程度，再在外径百分尺上读出具体尺寸。这种测量方法在缺少精密的内径量具时，是测量内径的好办法；另外，某些零件由于孔内有轴，使用精密的内径量具测量其内径比较困难，此时应用内卡钳配合外径百分尺测量内径的方法，就能解决问题。

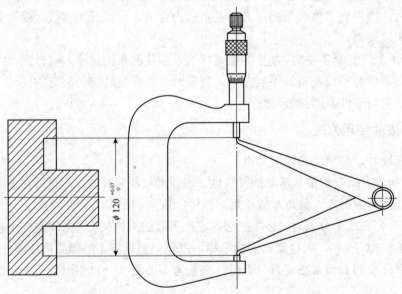

**图 1-3-21 内卡钳配合外径百分尺测量内径**

### 7. 量具的维护与保养

量具是用来测量工件尺寸的精密工具，正确地使用量具是保证产品质量的重要条件之一。要保持量具的精度和工作可靠性，除了在工作中要按照正确的使用方法进行操作以外，还必须做好量具的维护和保养工作。

① 不要用油石、砂纸等硬的东西擦量具的测量面和刻线部分。

② 量具的存放地点要求清洁、干燥、无震动、无腐蚀性气体；量具不应放在火炉边、床头箱、风口处等高温或低温的地方，不要放在磁性卡盘等磁场附近，以免磁化，造成测量误差。

③ 不要用手直接摸量具的测量面，以免手汗、潮湿、脏物污染测量面，使之锈蚀。

④ 量具不允许和其他工具混放，以免碰伤、挤压变形。

⑤ 使用后的量具要擦拭干净，松开紧固装置；暂时不用的，清洗后要在测量面上涂上防锈油，放入盒内。存放时不要使两个测量面接触，以免生锈。

⑥ 量具如有问题，不能自行拆卸修理，应交工具室或实训教师处理。精密量具必须定期送计量部门检测鉴定。

评分标准

各种量具的使用评分标准见表 1-3-1。

表 1-3-1  各种量具的使用评分标准

| 实训项目 | | 各种量具的使用 | | | | |
|---|---|---|---|---|---|---|
| 序号 | 检测内容 | 配分 | 评分标准 | 学生自评 | 教师评分 | |
| 1 | 钢直尺的使用 | 10 | 酌情扣分 | | | |
| 2 | 游标卡尺的使用 | 20 | 酌情扣分 | | | |
| 3 | 千分尺的使用 | 20 | 酌情扣分 | | | |
| 4 | 百分表的使用 | 15 | 酌情扣分 | | | |
| 5 | 塞尺的使用 | 10 | 酌情扣分 | | | |
| 6 | 内卡钳配合外径百分尺测量内径的方法 | 15 | 酌情扣分 | | | |
| 7 | 量具的正确使用和保养 | 10 | 酌情扣分 | | | |
| 综合得分 | | 100 | | | | |
| 系部 | | 班级 | | 姓名 | | 学号 |
| 教师评语 | | | | | | |

# 实训项目二

任务一　划线

任务二　锯割

任务三　錾削

任务四　锉削

任务五　孔加工

任务六　刮削

# 任务一　划线

划线是根据图纸的尺寸和技术文件要求，用划线工具在毛坯（或半成品）上划出加工界限或作为找正检查依据的基准的点、线的一种操作方法。

通过划线可以确定零件加工面的位置及余量，使其在下道工序加工时有明确的尺寸界线。应当注意，工件的加工精度不能完全由划线确定，而应该在加工过程中通过测量来保证。

**知识与技能目标**

* 了解划线的基本知识、操作方法及要领；
* 了解常用划线工具并掌握其使用方法，能正确掌握平面和立体划线的方法；
* 严格遵守操作规程，养成文明生产、安全生产的良好习惯。

**工作准备**

划线平板、方箱、划针、划规、划线盘、钢直尺、高度尺、样冲、手锤、工件。

**理论知识**

## 一、划线的作用及种类

### 1. 划线的作用和要求

划线不仅能使加工时有明确的界线和加工余量，还能及时发现不合格的毛坯，以免因采用不合格毛坯而浪费工时。当毛坯误差不大时，可通过划线借料得到补偿，从而提高毛坯的合格率。

划线的作用有以下几点：

① 所划的轮廓线即为毛坯或半成品的加工范围和依据，所划的基准点或线是工件安装时的标记或校正线。

② 在单件或小批量生产中，用划线来检查毛坯或半成品的形状和尺寸，合理地分配各加工表面的余量，及早发现不合格品，避免造成后续加工工时的浪费。

③ 在板料上划线下料，可做到正确排料，使材料合理使用。

划线是一项复杂、细致的重要工作，如果划线划错，就会造成加工工件的报废。所以划线直接关系到产品的质量。

划线的要求是：定形、定位尺寸准确，位置正确，线条清晰均匀，冲眼均匀。考虑到线条宽度等因素，一般要求划线精度能达到 0.25～0.5mm。

工件的完工尺寸不能完全由划线确定，应在加工过程中，通过测量保证尺寸的准确性。

### 2. 划线的种类

（1）平面划线

在毛坯或工件的一个平面上划线后即能明确表示加工范围，它与平面作图法类似，如图 2-1-1 所示。

（2）立体划线

立体划线是在毛坯或工件的几个相互成不同角度的表面（通常是相互垂直的表面）上都划线，即在长、宽、高三个方向上划线，如图 2-1-2 所示。

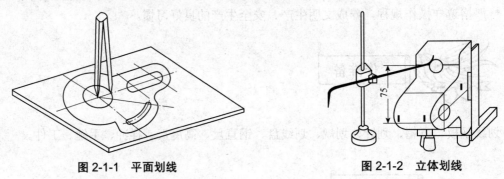

图 2-1-1  平面划线          图 2-1-2  立体划线

## 二、划线的工具及其用法

按照用途不同划线工具可分为基准工具、直接绘划工具和测量工具等。

### 1. 基准工具

（1）划线平板

划线平板由铸铁精刨和刮削制成，是划线的基准平面，要求非常平直和光洁，如图 2-1-3（a）所示。

使用时要注意：

① 安放时要平稳牢固，上平面应保持水平。

② 不准碰撞和用锤敲击平板，以免使其精度降低。

③ 长期不用时，应涂油防锈，并加盖保护罩。

(a) 划线平板          (b) 方箱          (c) 千斤顶

**图 2-1-3  划线平板、方箱、千斤顶**

（2）方箱

方箱是铸铁制成的空心立方体，各相邻的两个面均互相垂直。方箱用于夹持、支撑尺寸较小而加工面较多的工件。通过翻转方箱，便可在工件的表面上划出互相垂直的线条，如图 2-1-3（b）所示。

（3）千斤顶

千斤顶在平板上支撑质量较大及不规划工件时使用，其高度可以调整。通常用三个千斤顶支撑工件，如图 2-1-3（c）所示。

（4）V 形铁

V 形铁用于支撑圆柱形工件，使工件轴线与底板平行。

**2．直接绘划工具**

（1）划针

划针是在工件表面划线用的工具，常用的划针用工具钢或弹簧钢制成（有的划针在其尖端部位焊有硬质合金），直径为 $\phi 3 \sim 6mm$。有单尖直划针和双尖弯头划针两种。用划针划线时，右手拿划针如握铅笔一样，划针针尖紧贴导向工具（直尺、三角板等）的边缘，再向外倾斜 $15° \sim 20°$，并沿划线方向倾斜 $45° \sim 75°$。另外，划线时用力要均匀，一次就划出均匀、清晰的线，同时注意安全，如图 2-1-4 所示。

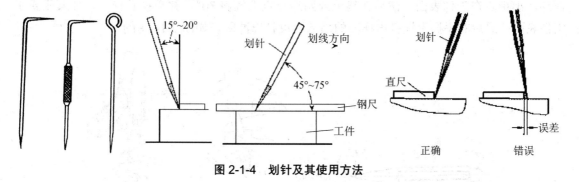

15°~20°          划针          划线方向          划针          直尺          误差          45°~75°          钢尺          工件          正确          错误

**图 2-1-4  划针及其使用方法**

（2）划规

划规是划圆或弧线、等分线段及量取尺寸等的工具，一般由中碳钢或工具钢制成，脚尖须经热处理淬硬。它的用法与制图的圆规相似，如图 2-1-5 所示。

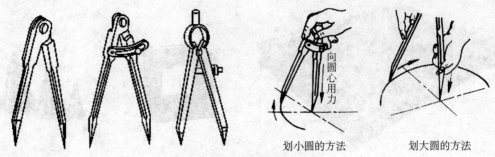

划小圆的方法　　　　　划大圆的方法

图 2-1-5　划规及其使用方法

（3）划线盘

划线盘由底座、支杆、划针和锁紧装置等组成。在高度尺的配合下，可以在工件上划出任意高度的水平线，主要用于立体划线和校正工件的位置，如图 2-1-6 所示。

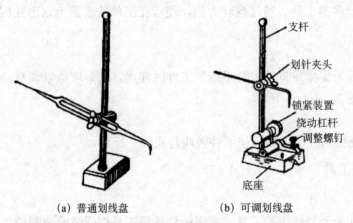

（a）普通划线盘　　　　　（b）可调划线盘

图 2-1-6　划线盘

（4）样冲

样冲用于在工件划线点上打出冲眼，以备所划线模糊后仍能找到原划线的位置；在划圆和钻孔前应在其中心打出冲眼，以便定心。在使用时，应用左手拇指、食指、中指轻轻握住样冲，小指点在工件表面，然后在线上或两线交点上倾斜 30°；接着扶正样冲，使其垂直于工件表面；最后右手握手锤打击样冲的顶端即可打出冲眼，如图 2-1-7 所示。

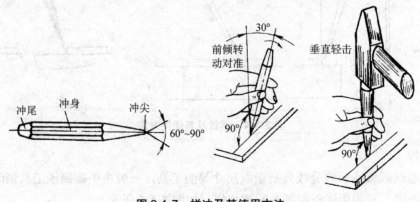

图 2-1-7　样冲及其使用方法

### 3. 测量工具

测量工具包括钢尺、直角尺、游标卡尺、高度游标卡尺、万能角度尺等。

高度游标卡尺除用来测量工件的高度外，还可用来进行半成品划线，其读数精度一般为0.02mm。它只能用于半成品划线，不允许用于毛坯。

# 三、划线基准的选择

对工件划线时，确定其各部分尺寸、形状及相对位置的依据称为划线基准。

划线时划线基准与设计基准应一致，以减少由于基准不重合而产生的误差，同时也能方便划线尺寸的确定。一般选用重要孔的中心线为划线基准，或零件上尺寸标注基准线为划线基准。在毛坯或工件上划线时应以已加工表面为划线基准。

确定划线基准时还应考虑零件放置的合理性，当零件的设计基准不利于零件的放置时，为了保证划线安全、顺利进行，一般选择较大和平直的面作为划线的基准。

常见的划线基准有三种类型：

第一，以两个相互垂直的平面（或线）为基准〔见图 2-1-8（a）〕；

第二，以两个互相垂直的中心平面（或线）为基准〔见图 2-1-8（b）〕；

第三，以一个平面（或线）与一条中心线为基准〔见图 2-1-8（c）〕。

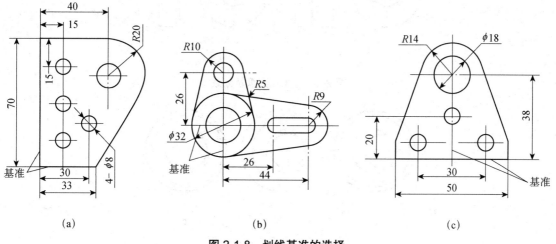

(a)                （b）                （c）

**图 2-1-8  划线基准的选择**

# 四、划线时的借料

对某些表面相互位置尺寸有缺陷的毛坯，当我们按划线基准进行划线时，经常发现毛坯某些表面的加工余量不够，这时可以通过试划和精心调整，将毛坯各表面的加工余量重新分配，使得各加工面都有足够的加工余量，这种用划线来补救有误差毛坯的方法称为借料。

通过借料，可以使一些在位置尺寸、形状上存在误差和缺陷的毛坯排除缺陷，减少损失，提高利用率。

借料的方法：

① 测量毛坯各部位尺寸，并找出偏移部位及确定偏移量。

② 根据毛坯偏移量来对照各加工表面的余量，并分析此毛坯的划线能否正常进行。如不能划出，则为废品；如可以划出，则确定借料的方向和大小并划出基准线。

③ 按照图纸要求，以基准线为依据，划出其余的线。

④ 最后检查各表面的加工余量是否合理，如不合理，应该继续进行借料并重新划线，直到各个加工面都有合适的加工余量为止。

借料的具体过程（举例说明）：

图 2-1-9（a）所示的圆环，是一个毛坯件，其内、外圆都要加工。如果毛坯形状比较准确，就可以按图纸尺寸进行划线，如图 2-1-9（b）所示。如果圆环内外偏心较大，划线就比较复杂。若按外圆找正划内孔加工线，则内孔有个别部分的加工余量不够［见图 2-1-10（a）］；若按内圆找正划外圆加工线，则外圆个别部分的加工余量不够［见图 2-1-10（b）］。只有在内孔和外圆都兼顾的情况下，将圆心选在工件内孔和外圆圆心之间的一个适当的位置上划线，才能使内孔和外圆都有足够的加工余量［见图 2-1-11（c）］。这说明通过划线借料，有误差的毛坯仍能很好地利用。当然，误差太大时则无法补救。

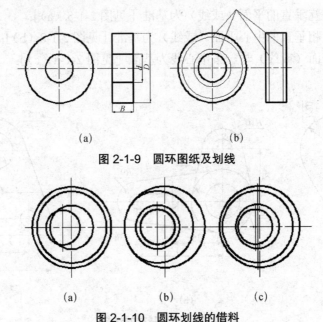

(a)                         (b)

图 2-1-9　圆环图纸及划线

(a)            (b)            (c)

图 2-1-10　圆环划线的借料

实训操作

### 1. 划线的准备

① 划线前，要看懂图样和工艺文件，明确划线的任务。

② 检查工件的形状和尺寸是否符合图样要求，除去工件表面的氧化层、毛边、毛刺、残留污垢等。

③ 合理地选择所需要的划线工具。

④ 在工件待划线的表面涂上一层涂料，使划出的线条更清晰。常用的涂料有石灰水、蓝油等。涂色时，涂层要涂得薄而均匀。太厚的涂层反而容易脱落。

⑤ 当在有孔的工件上划圆或等分圆周时，为了在求圆心和划线时能固定划规的一脚，须在孔中塞入塞块。常用的塞块有铅条、木块或可调塞块。铅条用于较小的孔，木块和可调塞块用于较大的孔。

## 2. 划线的方法和步骤

① 将待划线的毛坯先进行清理，除去毛坯上的氧化皮、锈蚀、油污等。

② 分析图纸，确定划线基准及支撑位置，检查毛坯的误差及缺陷。

③ 划线部位涂色，涂色时要满而均匀。

④ 划线工具应准备齐全，且保证满足使用要求。

⑤ 先划基准线和位置线，再划加工线。

⑥ 对照图纸和工艺要求，对工件按划线顺序从基准开始逐项检查，对错划或漏划的线应及时改正，保证划线的准确。

⑦ 检查无误后在加工分界线上打样冲眼，样冲眼必须打正，精加工表面禁止打样冲眼。

对划线的要求是：尺寸准确、位置正确、线条清晰、冲眼均匀。

## 3. 划线操作练习

根据图纸尺寸在 82mm×65mm×20mm 的铸铁材料上划线（见图 2-1-11）。

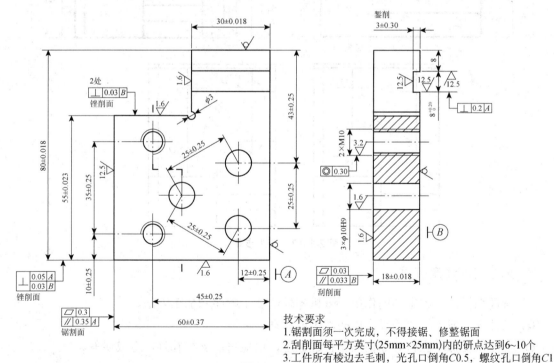

技术要求
1.锯割面须一次完成，不得接锯、修整锯面
2.刮削面每平方英寸(25mm×25mm)内的研点达到6~10个
3.工件所有棱边去毛刺，光孔口倒角C0.5，螺纹孔口倒角C1

**图 2-1-11　划线操作练习图纸**

加工步骤（见图 2-1-12）：

① 确定图纸基准 $A$ 面和上面为划线基准。

② 以基准 $A$ 面为基准划水平线，尺寸分别为 12mm、30mm、45mm、60mm，其中 60mm 尺寸是锯割面，30mm 尺寸是锉削面。

③ 以上面为基准划水平线，尺寸分别为 8mm、16mm、25mm、35mm、43mm、68mm、70mm、80mm，其中 8mm、16mm 尺寸是錾削的界线，25mm、80mm 尺寸为锉削面。

④ 尺寸 12mm 和尺寸 43mm、68mm 的交点分别为 $O_1$、$O_2$，打样冲眼，分别以 $O_1$、$O_2$ 为圆心，$R25$ 为半径作弧线相交于 $O_3$，打样冲眼。

⑤ 分别以 $O_1$、$O_2$、$O_3$ 为圆心，划 $\phi$10mm 圆周线。

⑥ 尺寸 45mm 和尺寸 35mm、70mm 的交点为 $O_4$、$O_5$，打样冲眼。

⑦ 分别以 $O_4$、$O_5$ 为圆心，划 $\phi$10mm 圆周线。

⑧ 尺寸 30mm 和尺寸 25mm 的交点为 $O_6$，打样冲眼。

⑨ 以 $O_6$ 为圆心，划 $\phi$3mm 圆周线。

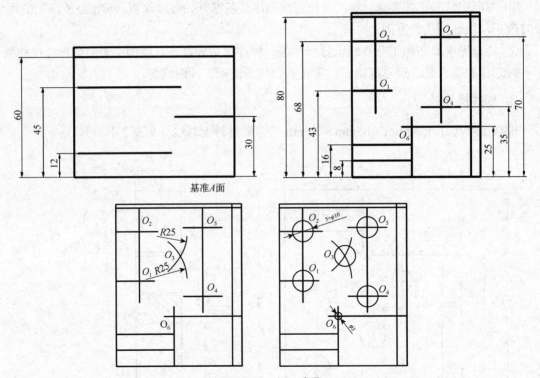

图 2-1-12　加工步骤

4. 划线时的注意事项

① 看懂图样，了解零件的作用，分析零件的加工顺序和加工方法。

② 工件夹持或支撑要稳妥，以防滑倒或移动。

③ 在一次支撑中应将要划出的平行线划全，以免再次支撑补划，造成误差。

④ 正确使用划线工具，划出的线条要准确、清晰。

⑤ 划线完成后，要反复核对尺寸，才能进行加工。

**评分标准**

划线的评分标准见表 2-1-1。

表 2-1-1　划线的评分标准

| 实训项目 | | 划线 | | | |
|---|---|---|---|---|---|
| 序号 | 检测内容 | 配分 | 评分标准 | 学生自评 | 教师评分 |
| 1 | 选择基准 | 20 | 每处 10 分 | | |
| 2 | 12mm、30mm、45mm、60mm 尺寸 | 16 | 每处 4 分 | | |
| 3 | 8mm、16mm、25mm、35mm、43mm、68mm、70mm、80mm 尺寸线 | 32 | 每处 4 分 | | |
| 4 | 圆心 $O_1$、$O_2$、$O_3$、$O_4$、$O_5$、$O_6$ 的确定 | 22 | 圆心 $O_3$ 的确定 7 分<br>其余每处 3 分 | | |
| 5 | 现场考核 | 10 | 安全文明生产 4 分<br>设备使用 3 分<br>工、量具使用 3 分 | | |
| 综合得分 | | 100 | | | |
| 系部 | | 班级 | 姓名 | | 学号 |
| 教师评语 | | | | | |

# 任务二　锯割

利用锯条锯断金属材料（或工件）或在工件上进行切槽的操作称为锯割。

虽然当前各种自动化、机械化的切割设备已广泛使用，但手锯切割还是常用方法，它具有操作方便、简单和灵活的特点，在单件小批量生产、临时工地以及切割异形工件、开槽、修整等场合应用较广。因此手工锯割是钳工需要掌握的基本操作技能之一。

锯割工作范围包括：

第一，分割各种材料及半成品；

第二，锯掉工件上多余部分；

第三，在工件上锯槽。

**知识与技能目标**

\* 能对各种形体材料进行正确的锯割，操作姿势正确，并能达到一定的锯割精度；

\* 熟悉锯条折断、工件歪斜的原因和解决方法；

* 严格遵守操作规程，养成文明生产、安全生产的良好习惯。

工作准备

台虎钳、锯弓、锯条、工件、划线工量具等。

理论知识

# 一、锯割的工具

锯割的工具是手锯，它由锯弓和锯条两部分组成。

## 1. 锯弓

锯弓是用来装夹和拉紧锯条的工具，有固定式和可调式两种。固定式锯弓的弓架是整体的，只能装一种长度规格的锯条。可调式的弓架分成前后段，由于前段在后段套内可以伸缩，因此可以安装多种规格长度的锯条，故目前广泛使用的是可调式锯弓。这里只介绍可调式锯弓，如图 2-2-1 所示。

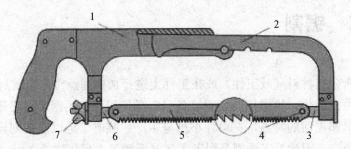

1—固定部分；2—可调部分；3—固定拉杆；4—销子；5—锯条；6—活动拉杆；7—蝶形螺母

**图 2-2-1  可调式锯弓**

## 2. 锯条

（1）锯条的材料与结构

锯条用碳素工具钢（如 T8 或 T10）或合金工具钢经热处理制成。

锯条的规格以锯条两端安装孔间的距离来表示，长度有 150～400mm。常用的锯条尺寸是：长 399mm、宽 12mm、厚 0.8mm。

锯条的切削部分由许多锯齿组成，每个齿相当于一把錾子起切割作用。常用锯条的后角 $\alpha$ 为 45°～50°，楔角 $\beta$ 为 45°～50°，如图 2-2-2 所示。

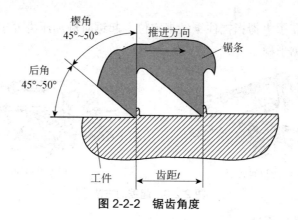

**图 2-2-2　锯齿角度**

锯条的锯齿按一定形状左右错开，排列成一定形状称为锯路。锯路有交叉、波浪等不同排列形状。锯路的作用是使锯缝宽度大于锯条背部的厚度，防止锯割时锯条卡在锯缝中，并减少锯条与锯缝的摩擦阻力，使排屑顺利，锯割省力。

（2）锯条粗细的选择

锯齿的粗细是用锯条上每 25mm 长度内的齿数表示的。14～18 齿为粗齿，24 齿为中齿，32 齿为细齿。锯条的粗细应根据加工材料的硬度、厚薄来选择。

锯割软的材料（如铜、铝合金等）或厚材料时，应选用粗齿锯条，因为锯屑较多，要求较大的容屑空间。

锯割硬材料（如合金钢等）或薄板、薄管时，应选用细齿锯条，因为材料硬，锯齿不易切入，锯屑量少，不需要大的容屑空间；锯薄材料时，锯齿易被工件勾住而崩断，需要同时工作的齿数多，使锯齿承受的力量减少。

锯割中等硬度材料（如普通钢、铸铁等）和中等硬度的工件时，一般选用中齿锯条。

（3）锯条的安装

手锯是向前推时进行切割，在向后返回时不起切削作用，因此安装锯条时应使锯齿尖向前（如图 2-2-1 放大部分所示）；装锯条时，应先把锯条两端的孔装入活动拉杆的销子上，再旋紧蝶形螺母。锯条的松紧要适当，太紧失去了应有的弹性，锯条容易崩断；太松会使锯条扭曲，锯缝歪斜，锯条也容易断。

# 二、锯割的操作

## 1. 工件的夹持

工件一定要夹紧，以防锯割时工件移动和锯条折断。工件伸出钳口不应过长，防止锯削时产生振动。锯线应和钳口边缘平行，工件尽可能夹持在虎钳的左面，以方便操作；锯割线应与钳口垂直，以防锯斜；锯割线离钳口不应太远，以防锯割时产生抖动。同时也要防止夹坏已加工表面和工件变形。

## 2. 起锯

起锯的方式有远边起锯和近边起锯两种，如图 2-2-3 所示，一般采用远边起锯。因为此时锯齿逐步切入材料，不易卡住，起锯比较方便。起锯角 $\alpha$ 以 15° 左右为宜。为了使起锯的位置正确和平稳，可用左手大拇指挡住锯条来定位。起锯时施加压力要小，往返行程要短，速度要慢，这样可使起锯平稳。

（a）远边起锯　　　　　　　　　（b）近边起锯

图 2-2-3　起锯的方法

### 3. 锯割姿势与操作方法

锯割时，人体重量均布在两腿上，左脚向前半步，右脚稍微朝后，自然站立，重心偏于右脚，右腿要站稳伸直，左腿膝关节应稍微自然弯曲，如图 2-2-4 所示。手握锯弓要舒展自然，右手握住手柄向前施加压力，左手轻扶在弓架前端，稍加压力，如图 2-2-5 所示。手锯在回程中不要施加压力，应任其自然退回。锯割时速度不宜过快，以每分钟 20～40 次为宜，并应用锯条全长的三分之二以上工作，以免锯条中间部分迅速磨钝。

推锯时锯弓运动方式有两种：一种是直线运动，适用于锯缝底面要求平直的槽和薄壁工件的锯割；另一种是锯弓上下摆动，这样操作自然，两手不易疲劳。锯割到材料快断时，用力要轻，以防碰伤手臂或折断锯条。

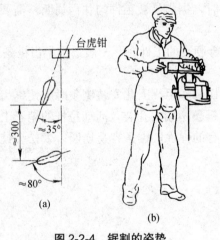

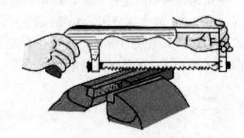

图 2-2-4　锯割的姿势　　　　　　　　　　　图 2-2-5　手锯握法

 实训操作

### 1. 各种材料的锯割方法

（1）板料的锯割

为了能准确地切入所需要的位置，避免锯条在工件表面打滑，起锯时，要保持小于

15°的起锯角，用左手的大拇指挡住锯条，往复行程要短，压力要轻，速度要慢，起锯好坏直接影响断面锯割质量。锯割薄板时尽可能从宽面上锯下去。可以把薄板直接夹在台虎钳上，用手锯横向斜推，使锯齿与薄板接触的齿数增加，避免锯齿崩裂，如图2-2-6所示。

（2）圆棒的锯割

圆棒锯割有两种方法：一种是从上至下锯割，断面质量较好，但较费力；另一种是锯下一段截面后转一角度再锯割，这样可避免通过圆棒直径锯割，减少阻力，效率高，但断面质量一般较差。

（3）薄管的锯割

为防止将管子夹扁，应把管子夹在两块木制的V形槽垫块里。锯割时，不断沿锯条推进方向转动，不能从一个方向锯到底，否则锯齿容易崩裂。

（4）深缝的锯割

当锯缝深度超过锯弓的高度时，应将锯条转过90°重新装夹，使锯弓转到工件的旁边，如图2-2-7所示。

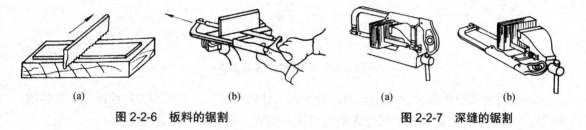

|  (a)  |  (b)  |  (a)  |  (b)  |

图2-2-6　板料的锯割　　　　　图2-2-7　深缝的锯割

2. 锯割操作练习

毛胚为82mm×65mm×20mm铸铁材料。

加工步骤：

① 图纸（见图2-2-8）上，30±0.018mm和55±0.023mm两个尺寸分别留锉削加工余量1mm，锯割加工。

② 以基面$A$为基准，按图纸上60±0.37mm尺寸锯割加工，保证与基面$A$平行度在0.35mm之内，平面度在0.30mm之内，表面粗糙度为Ra12.5μm。

3. 锯割时的注意事项

① 锯割练习时，必须注意工件的安装及锯条的安装是否正确，锯条要装得松紧适当，锯削时不要突然用力过猛，防止工作中锯条折断崩出伤人。并要注意起锯方法和起锯角度是否正确，以免一开始锯削就造成废品和锯条损坏。

② 初学锯割，对锯削速度不易掌握，往往推出速度过快，这样容易使锯条很快磨钝；同时，也会出现摆动姿势不自然、摆动幅度过大等错误姿势，应注意及时纠正。

③ 要适时注意锯缝的平直情况，及时纠正，歪斜过多再做纠正时，就不能保证锯割的质量了。

④ 在锯割钢件时，可加些机油，以减少锯条与锯削断面的摩擦并能冷却锯条，可以延长锯条的使用寿命。

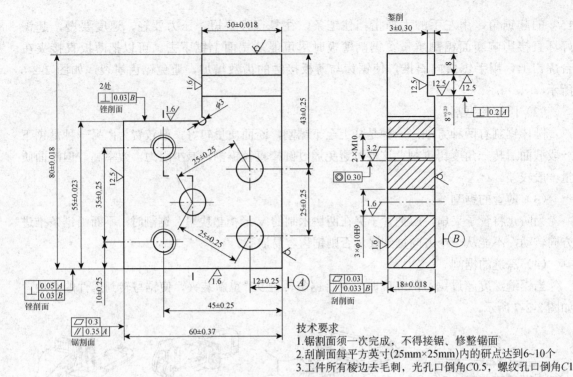

**技术要求**
1. 锯割面须一次完成，不得接锯、修整锯面
2. 刮削面每平方英寸(25mm×25mm)内的研点达到6~10个
3. 工件所有棱边去毛刺，光孔口倒角C0.5，螺纹孔口倒角C1

**图 2-2-8　锯割操作练习工件**

⑤ 工件将要锯断时，应减少压力，避免因工件突然断开，手仍用力向前冲，产生事故。应用左手扶持工件断开部分，减慢锯割速度逐渐锯断，避免工件掉下砸伤脚。

⑥ 锯割完毕，应将锯弓上张紧螺母适当放松，妥善放好。

⑦ 锯割时容易出现的问题及产生的原因和解决的方法见表 2-2-1。

**表 2-2-1　锯割时容易出现的问题、产生的原因和解决方法**

| 所发生的问题 | 产生问题的原因 | 解决方法 |
|---|---|---|
| 锯条折断或很快磨损 | (1) 锯条装得太紧或太松<br>(2) 锯割过程中强行找正<br>(3) 压力太大，速度太快<br>(4) 新换锯条在旧锯缝中被卡住<br>(5) 工件快锯断时，掌握不好速度，压力没有减小。而学生常犯错误就是压力太大、速度太快，新换锯条在旧锯缝中被卡住，锯条折断<br>(6) 行程过短，造成局部磨损 | (1) 锯割前要检查锯条的装夹方向和松紧程度<br>(2) 锯割时压力不可过大，速度不宜过快，理论要求是每分钟40次左右，在实际操作过程中最好保持每分钟30次左右，一定要慢<br>(3) 锯割将完成时，用力不可太大，并要用左手扶住被锯下的部分，以免该部分落下时砸脚<br>(4) 尽量使用锯条全长的3/4 |
| 锯割工件歪斜或超出范围 | (1) 锯条装得太紧或太松<br>(2) 划线不准确<br>(3) 锯割过程中不看锯缝，注意力不集中，造成加工尺寸超出一定范围，工件损坏 | (1) 锯条装夹的松紧程度要根据操作者的力量而定<br>(2) 正确划线<br>(3) 站立位置和手锯握法要正确，眼睛始终盯着锯缝，速度不宜过快，防止歪斜并及时纠正 |

 评分标准

锯割（即针对锯割操作练习）的评分标准见表 2-2-2。

表 2-2-2　锯割的评分标准

| 实训项目 | | 锯割 | | | |
|---|---|---|---|---|---|
| 序号 | 检测内容 | 配分 | 评分标准 | 学生自评 | 教师评分 |
| 1 | 60±0.37mm 尺寸 | 40 | 超差 0.05mm 扣 5 分 | | |
| 2 | 平行度 0.35mm | 20 | 超差 0.03mm 扣 5 分 | | |
| 3 | 平面度 0.30mm | 20 | 超差 0.03mm 扣 5 分 | | |
| 4 | 表面粗糙度 | 10 | 酌情扣分 | | |
| 5 | 现场考核 | 10 | 安全文明生产 4 分 设备使用 3 分 工、量具使用 3 分 | | |
| 综合得分 | | 100 | | | |
| 系部 | | 班级 | 姓名 | 学号 | |
| 教师评语 | | | | | |

# 任务三　錾削

錾削是用手锤敲击錾子对工件进行切削加工的方法。它主要用于不便于机加工，不易剪切，也不宜锯削和锉削的场合，是钳工工作中一项重要的基本技能，工作范围包括去除毛刺及飞边、分割板料、錾油槽等。

 知识与技能目标

* 正确掌握錾子和手锤的握法；
* 掌握錾削的姿势、锤击动作要领；
* 严格遵守操作规程，了解錾削时的安全知识和文明生产的要求，养成文明生产、安全生产的良好习惯。

 工作准备

台虎钳、錾子、手锤、工件、划线工量具等。

理论知识

# 一、錾削工具

## 1. 錾子

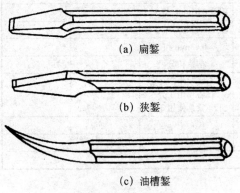

（a）扁錾

（b）狭錾

（c）油槽錾

图 2-3-1　錾子的种类

錾子一般用碳素钢（T7A、T8A）锻打成形后经过淬火与回火处理后刃磨而成。常用的錾子有扁錾、狭錾、油槽錾等（见图 2-3-1）。

① 扁錾也叫阔錾，切削部分扁平，切削刃略呈圆弧形，在平面上錾去微小的凸起部分时，切削刃两边的尖角不会损伤平面其他部位。用于錾削大平面、薄板料、清理毛刺等（见图 2-3-2）。

② 狭錾也叫窄錾，切削刃较短，主要用来錾槽及分割曲线形板材（见图 2-3-3）。

③ 油槽錾的切削刃很短并呈圆弧形，主要用来錾削润滑油槽（见图 2-3-4）。

（a）板料錾切

（b）錾断条料

（c）錾削窄平面

图 2-3-2　扁錾的应用

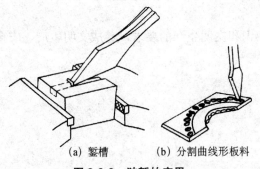

（a）錾槽　　（b）分割曲线形板料

图 2-3-3　狭錾的应用

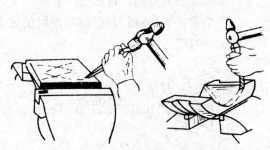

图 2-3-4　油槽錾的应用

### 2. 手锤

手锤是主要的击打工具，由锤头和木柄组成。一般规格有 0.25kg、0.5kg、1kg、1.5kg 等，锤头不准淬火，不准有裂纹和毛刺，发现飞边卷刺应及时修整。木柄一般用比较坚韧的木材制作而成。锤头与木柄在安装时加楔，以金属楔为好，楔子的长度不要大于安装孔深的 2/3，如图 2-3-5 所示。

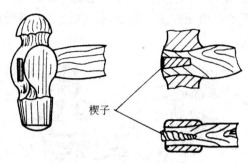

**图 2-3-5  手锤和楔子的安装**

# 二、錾子的切削原理

錾子切削部分由前刀面、后刀面以及它们的交线形成的切削刃组成，即两面一刃。錾子切削部分有三个几何角度，如图 2-3-6 所示。

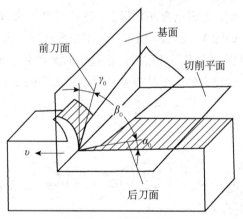

**图 2-3-6  錾削的角度**

① 楔角 $\beta_0$，是錾子前刀面与后刀面之间的夹角，楔角大小应根据材料的硬度及切削量大小来选择。楔角大，切削部分强度大，但切削阻力大。在保证足够强度的情况下，尽量取小的楔角，一般取楔角 $\beta_0=60°$。

② 后角 $\alpha_0$，是正交平面中后刀面与切削平面之间的夹角。后角一般取 5°～8°，太大或太小都不利于錾削的进行。

③ 前角 $\gamma_0$，是正交平面中前刀面与基面之间的夹角。前角越大，切削越省力。

上述三个角的关系为 $\beta_0=90°-（\gamma_0+\alpha_0）$。

錾削不同硬度的材料时，楔角 $\beta_0$ 数值的选择：较硬的材料 $\beta_0=60°～70°$，中等的材料 $\beta_0=50°～60°$，较软的材料 $\beta_0=30°～50°$。

## 三、錾削的姿势及操作方法

### 1. 錾子的握法

錾削时，左手自如地握着錾子，不要握得太紧，以免敲击时掌心承受的震动过大，如图 2-3-7（a）所示，避免图 2-3-7（b）所示的错误握法。錾子的握法有正握法、反握法、立握法三种，大面积錾削、錾槽采用正握法，剔毛刺、侧面錾削及使用短小的錾子时采用反握法，錾断材料时使用立握法。

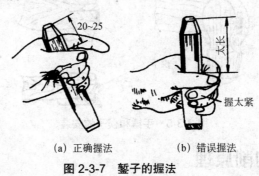

（a）正确握法　　　　（b）错误握法

图 2-3-7　錾子的握法

### 2. 手锤的握法

手锤的握法分紧握法和松握法两种。

紧握法是用右手紧握锤柄，大拇指合在食指上，虎口对准锤头方向。在抬起锤子或锤击时，五个手指的握法始终不变，如图 2-3-8（a）所示。采用松握法时，大拇指和食指始终握紧锤柄，在抬起锤子时，小指、无名指与中指需要放松，在锤击时须握紧，如图 2-3-8（b）所示。紧握法手容易疲劳，而松握法手比较自然，不易疲劳且锤击力大。图 2-3-8（c）为常见的错误握法。

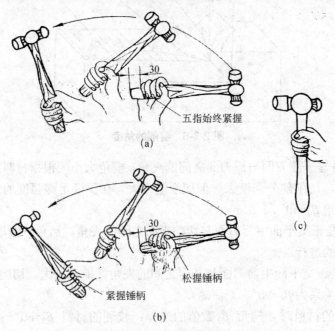

图 2-3-8　手锤的握法

### 3. 挥锤方法

挥锤方法分腕挥、肘挥和臂挥三种，如图 2-3-9 所示。腕挥主要用手腕动作进行挥锤，锤击力较小，适用于余量较小或开始和结尾。肘挥主要用手腕和小臂配合进行，其锤击力度较大，应用范围较广。臂挥主要靠手腕、小臂、大臂合作动作，挥锤的幅度较大，适用于大力錾削，如錾切板材或錾削余量较大的平面等。

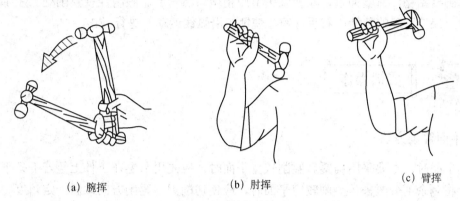

(a) 腕挥　　　　　　　(b) 肘挥　　　　　　　(c) 臂挥

**图 2-3-9　挥锤的方法**

### 4. 錾削姿势

錾削操作劳动强度大，操作时应注意站立姿势和位置，尽可能使全身自然直立，面向工件，这样不易疲劳，而且省力。錾削时，两脚的位置如图 2-3-10 所示。身体与台虎钳中心线大致成 45°角，且略向前倾，左脚跨前半步，膝盖处稍微弯曲，保持自然放松，右腿站稳伸直，不要过于用力。左手握錾子，右手握手锤，锤头与錾子成一线，目视錾子刃口。

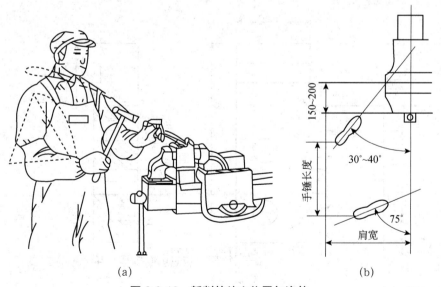

(a)　　　　　　　　　　　　(b)

**图 2-3-10　錾削的站立位置与姿势**

### 5. 錾削的操作方法

开始錾削时应从工件侧面的尖角处轻轻起錾。起錾后，再把錾子逐渐移向中间，使切削刃的全宽参与切削。起錾时，錾子尽可能向右斜 45° 左右。从工件边缘尖角处开始，并使錾子从尖角处向下倾斜 30° 左右，轻打錾子，可较容易切入材料。起錾后按正常方法錾削。当錾削到工件尽头时，要防止工件材料边缘崩裂，脆性材料尤其需要注意。因此，錾到尽头 10mm 左右时，必须调头錾去其余部分。

錾削时，两脚互成一定角度，左脚跨前半步，右脚稍微朝后，身体自然站立，重心偏于右脚。右脚要站稳，右腿伸直，左腿膝关节应稍微自然弯曲。眼睛注视錾削处。左手握錾使其在工件上保持正确的角度。右手挥锤，使锤头沿弧线运动，进行敲击。

### 1. 平面錾削方法

錾削平面时，主要采用扁錾。錾削较宽平面时，应先用窄錾在工件上錾若干条平行槽，再用扁錾将剩余部分錾去。錾削较窄平面时，应使切削刃与錾削方向倾斜一定角度。錾削余量一般为每次 0.5～2mm。錾油槽前，首先要根据油槽的断面形状对油槽錾的切削部分进行准确刃磨，再在工件表面准确划线，最后一次錾削成形。也可以先錾出浅痕，再一次錾削成形。

### 2. 錾削操作练习

加工步骤：

按图纸（见图 2-3-11）錾削 8±0.30mm 尺寸沟槽，深度为 3±0.30mm，保证与 $A$ 面垂直度小于 0.20mm，表面粗糙度为 $Ra12.5\mu m$。

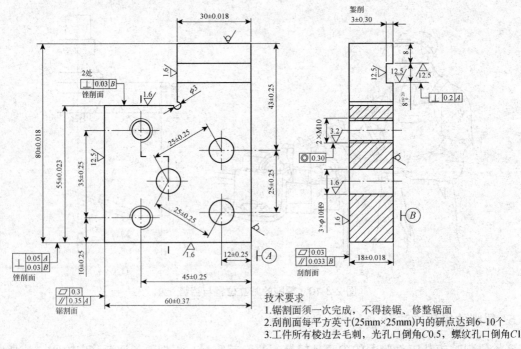

技术要求
1. 锯割面须一次完成，不得接锯、修整锯面
2. 刮削面每平方英寸(25mm×25mm)内的研点达到 6～10 个
3. 工件所有棱边去毛刺，光孔口倒角 $C0.5$，螺纹孔口倒角 $C1$

图 2-3-11 工件

### 3. 錾削时的注意事项

① 在台虎钳上錾切线要与钳口平齐，且要夹持牢固。

② 在台虎钳上錾削时，錾子的后面部分要与钳口平面贴平，刃口略向上翘，以防錾坏钳口平面。

③ 錾削前，检查工作场地有无不安全的因素，如有，要及时排除。

④ 操作中，拿锤子的手不准戴手套，以免手锤滑出伤人。

⑤ 操作者应戴上防护眼镜，工作地周围应装有安全网。

⑥ 錾子的头部毛刺要经常修磨，以免伤手。

⑦ 锤柄松动或坏损，要立即装牢或更换，以免锤头飞出发生事故。

⑧ 錾削将近终了时，击锤要轻，以免伤手。

⑨ 要保持正确的錾切角度及錾刃经常保持锋利。经常对錾子进行刃磨，保持正确的后角，錾削时防止錾子滑出工件表面。

⑩ 錾削时产生废品的原因和解决办法见表 2-3-1。

表 2-3-1　錾削时产生废品的原因及解决办法

| 废品原因 | 解决办法 |
|---|---|
| 尺寸超差 | 起錾时尺寸要准，錾削时及时测量检查 |
| 錾崩了棱角或棱边 | 錾到尽头 10mm 左右时，必须调头錾去其余部分 |
| 夹坏了工件表面 | 夹紧工件时用力适当，必要时加软钳口 |
| 表面粗糙度不够 | 錾子刃口卷刃不锋利或刃口爆裂，及时修磨錾子刃口；锤击力要均匀；錾削时錾子的后角不能忽大忽小，要保持一致 |

评分标准

錾削的评分标准见表 2-3-2。

表 2-3-2　錾削的评分标准

| 实训项目 | | | 錾削 | | |
|---|---|---|---|---|---|
| 序号 | 检测内容 | 配分 | 评分标准 | 学生自评 | 教师评分 |
| 1 | 槽宽 8±0.30mm | 25 | 超差 0.05mm 扣 5 分 | | |
| 2 | 槽深 3±0.30mm | 25 | 超差 0.05mm 扣 5 分 | | |
| 3 | 垂直度 0.20mm | 30 | 超差 0.02 mm 扣 5 分 | | |
| 4 | 表面粗糙度 | 10 | 酌情扣分 | | |
| 5 | 现场考核 | 10 | 安全文明生产 4 分<br>设备使用 3 分<br>工、量具使用 3 分 | | |
| 综合得分 | | 100 | | | |
| 系部 | | 班级 | | 姓名 | | 学号 | |
| 教师评语 | | | | | |

## 任务四　锉削

用锉刀对工件表面进行切削加工，使它达到所要求的形状、尺寸和表面粗糙度，这种加工方法称为锉削。锉削加工简便、工作范围广，多用于錾削、锯割之后，锉削可对工件上的平面、曲面、内外圆弧、沟槽以及其他复杂表面进行加工，锉削的最高精度可达 IT8～IT7，表面粗糙度可达 Ra1.6～0.8μm，是钳工主要操作方法之一。

**知识与技能目标**

\* 掌握锉削时的操作姿势和正确动作，并能达到一定的精度和表面粗糙度；
\* 懂得锉削时两手用力的方法，掌握正确的锉削速度；
\* 懂得锉刀的保养和锉削时的安全知识，严格遵守操作规程，养成文明生产、安全生产的良好习惯。

**工作准备**

台虎钳、各种规格的锉刀、工件、划线工量具等。

**理论知识**

## 一、锉削工具

锉削的工具是锉刀。

### 1. 锉刀的材料及构造

锉刀常用碳素工具钢 T10、T12 制成，并经热处理淬硬到 62～67HRC。锉刀由锉刀面、锉刀边、锉刀柄、木柄等部分组成，如图 2-4-1 所示。锉刀的大小以锉刀面的工作长度来表示。锉刀的锉齿是在剁锉机上剁出来的。

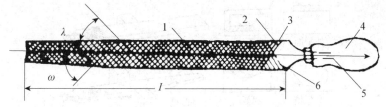

1—锉刀面；2—辅锉纹；3—锉刀边；4—木柄；5—锉刀柄；6—主锉纹

**图 2-4-1　锉刀的结构**

## 2. 锉刀的种类

锉刀按用途不同分为普通锉（或称钳工锉）、特种锉（见图 2-4-2）和整形锉（或称什锦锉，如图 2-4-3 所示）三类。其中普通锉使用最多。

**图 2-4-2　特种锉**

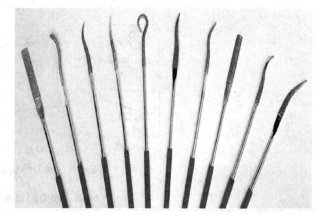

**图 2-4-3　整形锉**

普通锉按截面形状不同大体分为扁锉、方锉、圆锉、半圆锉、三角锉和刀口锉六种，如图 2-4-4 所示；按其长度可分为 100mm、200mm、250mm、300mm、350mm 和 400mm 等；按其齿纹可分为单齿纹、双齿纹（大多用双齿纹）；按其齿纹疏密程度可分为粗齿锉、细齿锉和油光锉等。锉刀的粗细以每 10mm 长齿面上的锉齿齿数来表示，粗齿锉为 4～12 齿，细齿锉为 13～24 齿，油光锉为 30～36 齿。

## 3. 锉刀的选用

合理选用锉刀，有利于保证加工质量、提高工作效率和延长锉刀使用寿命。一般选择锉刀的原则如下：

① 根据工件形状和加工面的大小选择锉刀的形状（见图 2-4-4）和规格。

② 根据加工材料软硬程度、加工余量、精度和表面粗糙度的要求选择锉刀。

粗锉刀的齿距大，不易堵塞，适宜于粗加工（即加工余量大、精度等级和表面质量要求低）及铜、铝等软金属的锉削；细锉刀适宜于钢、铸铁以及表面质量要求高的工件的锉削；油光锉只用来修光已加工表面。锉刀越细，锉出的工件表面越光滑，但生产率越低。表 2-4-1 为锉刀的规格和适用范围。

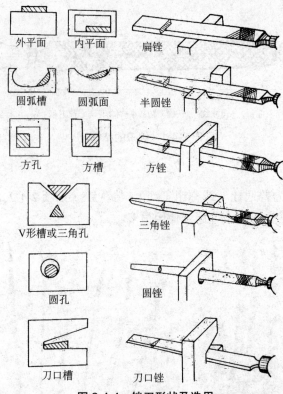

图 2-4-4　锉刀形状及选用

表 2-4-1　锉刀的规格和适用范围

| 类别 | 锉纹号 | 长度/mm | | | | | | | | | 加工余量/mm | 能达到的表面粗糙度值 Ra/μm |
|---|---|---|---|---|---|---|---|---|---|---|---|---|
| | | 100 | 125 | 150 | 200 | 250 | 300 | 350 | 400 | 450 | | |
| | | 每 100mm 长度内主要锉纹条数 | | | | | | | | | | |
| 粗齿锉 | 1 | 14 | 12 | 11 | 10 | 9 | 8 | 7 | 6 | 5.5 | 0.5～1.0 | 12.5 |
| 中齿锉 | 2 | 20 | 18 | 16 | 14 | 12 | 11 | 10 | 9 | 8 | 0.2～0.5 | 6.6～12.5 |
| 细齿锉 | 3 | 28 | 25 | 22 | 20 | 18 | 16 | 14 | 14 | / | 0.1～1.2 | 3.2～6.3 |
| 粗油光锉 | 4 | 40 | 36 | 32 | 28 | 25 | 22 | 20 | / | / | 0.05～0.1 | 6.3～3.2 |
| 细油光锉 | 5 | 56 | 50 | 45 | 40 | 36 | 32 | / | / | / | 0.02～0.05 | 0.8～1.6 |

## 二、锉削的操作

### 1. 装夹工件

工件必须牢固地夹在虎钳钳口的中部，须锉削的表面略高于钳口，不能高太多，夹持已加工表面时，应在钳口与工件之间垫以铜片或铝片。

### 2. 锉刀的握法

正确握持锉刀有助于提高锉削质量，锉刀的握法如图 2-4-5 所示。

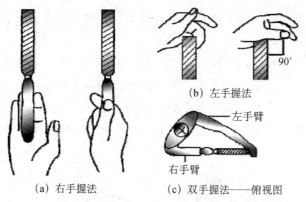

（b）左手握法

左手臂

右手臂

（a）右手握法          （c）双手握法——俯视图

图2-4-5　锉刀的握法

（1）大锉刀的握法

右手心抵着锉刀木柄的端头，大拇指放在锉刀木柄的上面，其余四指弯在木柄的下面，配合大拇指捏住锉刀木柄；左手则根据锉刀的大小和用力的轻重，可有多种姿势。

（2）中锉刀的握法

右手握法大致和大锉刀握法相同，左手用大拇指和食指捏住锉刀的前端。

（3）小锉刀的握法

右手食指伸直，拇指放在锉刀木柄上面，食指靠在锉刀边，左手几个手指压在锉刀中部。

（4）更小锉刀（什锦锉）的握法

一般只用右手拿着锉刀，食指放在锉刀上面，拇指放在锉刀的左侧。

### 3. 锉削的姿势

正确的锉削姿势能够减轻疲劳，提高锉削质量和效率。人的站立姿势为：身体与钳口平行线成45°夹角，左脚与钳口中垂线成30°夹角，右脚与中垂线成75°夹角，左右两脚之间距离为250～300mm，如图2-4-6所示。

左腿在前弯曲，右腿伸直在后，身体向前倾约10°，重心落在左腿上，锉刀运行到1/3处身体前倾15°。锉刀运行到2/3处，手臂带动锉刀向前运行，身体倾斜18°。最后右肘继续向前推进锉刀，且身体自然退回到15°左右，如图2-4-7所示。

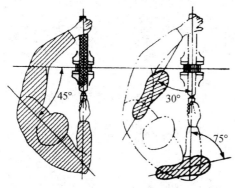

图2-4-6　人的站立姿势

锉削时，两脚站稳不动，靠左膝的屈伸使身体做往复运动，手臂和身体的运动要相互配合，并充分利用锉刀的全长。

锉削起步，尤其是粗锉阶段，刚开始的行程一定要用手臂力量带动锉刀向前运行。粗锉起步时身体先向前运行，左腿稍微弯曲，右腿用力，身体带动手臂，手臂带动锉刀。感觉锉削阻力增加时，将全身的力量都集中到手臂上后再开始运行锉刀。这样可以在大运动量的情况下节约体力，提高整个工件的加工速度，确保在细锉和精修阶段的体力及工件的精度。

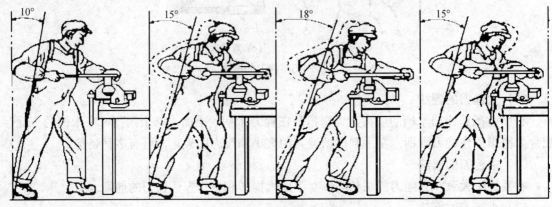

图 2-4-7　锉削的姿势

### 4. 锉刀的运用

锉削时锉刀的平直运动是锉削的关键。锉削的力有水平推力和垂直压力两种。推动主要由右手控制，推力必须大于锉削阻力才能锉去切屑；压力是由两只手控制的，其作用是使锉齿深入金属表面。如图 2-4-8 所示是锉削中两手用力的方向。由于锉刀两端伸出工件的长度随时都在变化，因此两手压力大小必须随之变化，使两手的压力对工件的力矩相等，这是保证锉刀平直运动的关键。锉刀运动不平直，工件中间就会凸起或产生鼓形面。

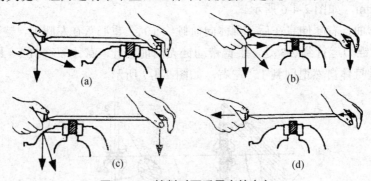

图 2-4-8　锉削时两手用力的方向

锉削速度一般为每分钟 30～60 次。太快，操作者容易疲劳，且锉齿易磨钝；太慢，切削效率低。

### 5. 锉刀手柄的装卸

安装：刀柄自然插入木柄的孔中，然后用右手把手柄轻轻镦紧，或用手锤轻轻击打，直至插入锉柄的长度为 3/4 为止，如图 2-4-9（a）所示。

拆卸：刀柄轻轻敲击台虎钳或钳台边缘即可，如图 2-4-9（b）所示。

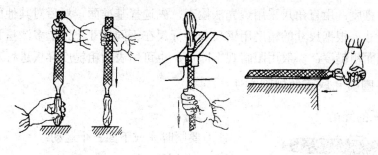

（a）装锉刀柄　　　　　　　　　（b）拆卸锉刀柄

**图 2-4-9　锉刀手柄的装卸**

**实训操作**

## 1. 平面的锉削方法及锉削质量检查

1）平面锉削

平面锉削是最基本的锉削形式，常用三种方法锉削，如图 2-4-10 所示。

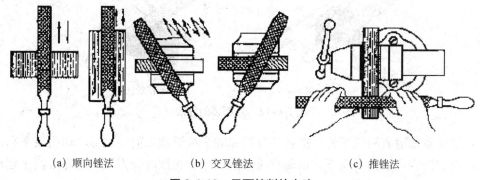

（a）顺向锉法　　　　　　（b）交叉锉法　　　　　　（c）推锉法

**图 2-4-10　平面锉削的方法**

（1）顺向锉法

锉刀沿着工件表面横向或纵向移动，锉削平面可得到正直的锉痕，比较美观，适用于工件锉光、锉平或锉顺锉纹。

（2）交叉锉法

以交叉的两个方向依次对工件进行锉削。由于锉痕是交叉的，因此容易判断锉削表面的不平程度，也容易把表面锉平。交叉锉法去屑较快，适用于平面的粗锉。

（3）推锉法

两手对称地握着锉刀，用两大拇指推锉刀进行锉削。这种方式适用于较窄表面且已锉平、加工余量较小的情况，来修正尺寸和表面粗糙度。

2）平面锉削质量的检查

① 检查平面的直线度和平面度：用钢尺和直角尺以透光法来检查，要多检查几个部位并

进行对角线检查。

② 检查垂直度：用直角尺采用透光法检查，先选择基准面，然后对其他面进行检查。

③ 检查尺寸：根据尺寸的精度用钢尺和游标尺在不同尺寸位置上多测量几次。

④ 检查表面粗糙度：一般用眼睛观察即可，也可用表面粗糙度样板进行对照检查。

## 2. 内、外圆弧和球面的锉削方法

（1）内圆弧的锉削

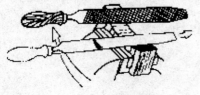

图 2-4-11　内圆弧的锉法

锉刀要同时完成下面三个运动：

① 向前运动。

② 随圆弧面向左右的移动（为半个到一个锉刀的直径）。

③ 绕锉刀中心线的转动（顺时针或逆时针），如图 2-4-11 所示。

（2）外圆弧的锉削

常见的外圆弧锉削方法有顺锉法和滚锉法，如图 2-4-12 所示。

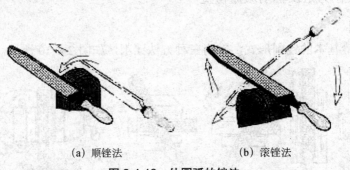

（a）顺锉法　　　　　　　　　　（b）滚锉法

图 2-4-12　外圆弧的锉法

顺锉法就是横对着圆弧面锉，把各部分锉成非常接近圆弧的多边形，切削效率高，适于粗加工；滚锉法锉出的圆弧面不会出现有棱角的现象，锉削时锉刀要同时完成两个运动：前进运动和绕工件圆弧中心的摆动，一般用于圆弧面的精加工阶段。

（3）球面的锉削

当锉削圆柱形工件端部的球面时，锉刀在做外圆弧锉削运动的同时，还需要绕球面的中心和周向摆动。直向锉［见图 2-4-13（a）］就是顺锉法绕球面的中心和周向摆动。横向锉［见图 2-4-13（b）］是滚锉法绕球面的中心和周向摆动。

（a）直向锉　　　　　　　　　　（b）横向锉

图 2-4-13　球面的锉法

### 3. 锉削操作练习

加工步骤:

共三处锉削面:80±0.018mm、30±0.018mm 和 55±0.023mm。

① 按图纸(见图2-4-14)对 80±0.018mm 尺寸进行锉削加工,保证与基面 A 垂直度在 0.05mm 之内,与基面 B 垂直度在 0.03mm 之内,表面粗糙度为 Ra1.6μm。

② 按图纸对 30±0.018mm 和 55±0.023mm 尺寸分别进行锉削加工,保证两面都与基面 B 垂直度在 0.03mm 之内,表面粗糙度为 Ra1.6μm。

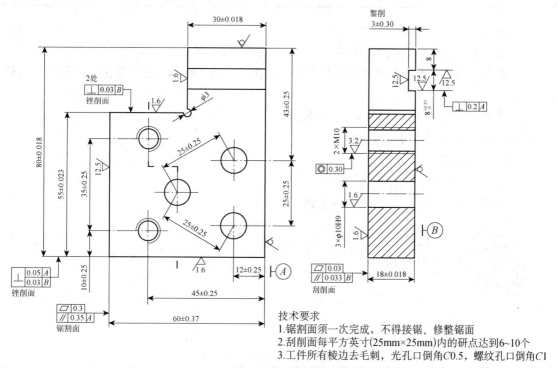

技术要求
1.锯割面须一次完成,不得接锯、修整锯面
2.刮削面每平方英寸(25mm×25mm)内的研点达到6~10个
3.工件所有棱边去毛刺,光孔口倒角C0.5,螺纹孔口倒角C1

**图 2-4-14  锉削操作练习工件**

### 4. 锉削时的注意事项及锉刀的保养

锉削时的注意事项:

① 锉刀必须装柄使用,以免刺伤手腕。松动的锉刀柄应装紧后再用。

② 不准用嘴吹锉屑,也不要用手清除锉屑。当锉刀堵塞后,应用钢丝刷或铜片顺着锉纹方向刷去锉屑;锉刀用完后,要用钢丝刷顺着锉纹刷掉残留的切屑,以防生锈。

③ 防止锉刀过快磨损,不要用锉刀锉削毛坯件的硬皮或工件的淬硬表面,而应先用其他工具或用锉刀的前端、边齿加工。锉削时要充分利用锉刀的有效工作面,避免局部磨损。

④ 不准用手摸锉过的表面,因手有油污,再锉时会打滑。

⑤ 锉刀不能用作撬棒或敲击工件,防止锉刀折断伤人。

⑥ 用整形锉和小锉时,用力不能太大,防止把锉刀折断。

⑦ 锉削时容易出现的问题及产生的原因和解决方法见表2-4-2。

### 表 2-4-2　锉削时容易出现的问题、产生的原因及解决方法

| 所发生的问题 | 产生问题的原因 | 解决方法 |
|---|---|---|
| 锉削平面时中间凸起 | （1）操作不熟练，锉削时锉刀前后摆动<br>（2）使用的锉刀本身存在弯曲现象 | （1）掌握正确的锉削姿势，最好采用交叉锉<br>（2）选择锉刀时，应检查锉刀是否有问题 |
| 工件形状不准确 | （1）划线不准确<br>（2）锉削时用力不均匀，每次用力大小不同，造成锉削高低不同 | （1）掌握正确的划线方法，划线时要仔细<br>（2）锉削时集中精力，要经常测量，保证加工的平面符合要求 |
| 表面不光洁 | （1）锉刀粗细选择不正确<br>（2）粗锉时锉痕深 | （1）合理选用锉刀<br>（2）锉削过程中要经常检查锉削面的粗糙度，及时清理锉屑，逐渐减轻锉削力度 |

锉刀的保养：

① 锉刀要防水防油。沾水后锉刀易生锈，沾油后锉刀在工作时易打滑。

② 放置锉刀时，不要使其露出工作台面，以防锉刀跌落伤脚；也不能把锉刀与锉刀叠放或锉刀与量具叠放。

③ 新锉刀应先用钝一面后再用另一面。

④ 粗锉时应使用锉刀有效全长。

⑤ 锉屑要及时清除。

⑥ 毛胚硬皮与淬硬工件不可直接锉。

⑦ 锉刀用毕后应清理干净，以免生锈。

 评分标准

锉削的评分标准见表 2-4-3。

### 表 2-4-3　锉削的评分标准

| 实训项目 | | | 锉削 | | | |
|---|---|---|---|---|---|---|
| 序号 | 检测内容 | 配分 | 评分标准 | | 学生自评 | 教师评分 |
| 1 | 80±0.018mm 尺寸 | 30 | 尺寸超差 0.05mm 扣 5 分<br>形位公差超差 0.03mm 扣 5 分<br>表面粗糙度酌情扣分 | | | |
| 2 | 30±0.018mm 尺寸 | 30 | 尺寸超差 0.05mm 扣 5 分<br>形位公差超差 0.03mm 扣 5 分<br>表面粗糙度酌情扣分 | | | |
| 3 | 55±0.023mm 尺寸 | 30 | 尺寸超差 0.05mm 扣 5 分<br>形位公差超差 0.03mm 扣 5 分<br>表面粗糙度酌情扣分 | | | |
| 4 | 现场考核 | 10 | 安全文明生产 4 分<br>设备使用 3 分<br>工、量具使用 3 分 | | | |
| 综合得分 | | 100 | | | | |
| 系部 | | 班级 | | 姓名 | | 学号 | |
| 教师评语 | | | | | | |

# 任务五　孔加工

孔加工包括钻孔、扩孔、锪孔、铰孔、攻螺纹和套螺纹等。

## 知识与技能目标

* 掌握钻头的磨削方法，掌握孔加工时工件的装夹方法；
* 掌握钻孔、扩孔、锪孔及铰孔的操作方法，能够独立完成操作；
* 熟悉螺纹加工中常用工具及其使用方法，掌握螺纹加工前的工艺计算；
* 掌握攻螺纹和套螺纹的基本操作；
* 懂得孔加工时的安全知识，严格遵守操作规程，养成文明生产、安全生产的良好习惯。

## 工作准备

台虎钳、台式钻床、$\phi$5.2mm 钻头、$\phi$7mm 钻头、$\phi$9.8mm 钻头、$\phi$13mm 钻头、$\phi$10mm 铰刀、铰杠、M6 丝锥、划线工量具等。

## 理论知识

# 一、钻孔

用钻头在材料上加工孔，这一操作叫做钻孔。钻孔在机器制造业中是一项很普遍而又重要的操作。钻孔时，主要由于钻头结构上存在的缺点，影响加工质量，加工精度一般在 IT10 级以下，表面粗糙度为 Ra12.5μm 左右，属粗加工。

1. 钻孔设备

常用的钻孔设备有台式钻床、立式钻床和摇臂钻床，手电钻也是常用的钻孔工具。

（1）台式钻床

台式钻床的结构如图 2-5-1 所示。台式钻床简称台钻，是一种体积小巧、操作简便，通常安装在专用工作台上使用的小型孔加工机床。台式钻床钻孔直径一般在 13 mm 以下，最大不超过 16 mm。其主轴变速一般通过改变三角带在塔型带轮上的位置来实现，主轴进给靠手动操作。

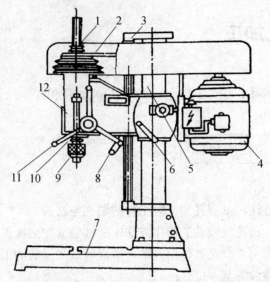

1—塔轮；2—V型皮带；3—丝杠架；4—电动机头；5—立柱；6—锁紧手柄；
7—工作台；8—升降手柄；9—钻夹；10—主轴；11—进给手柄；12—头架

**图 2-5-1　台式钻床的结构**

台式钻床的操作：

① 主轴转速的调整：应根据钻头直径和加工材料的不同来选择合适的主轴转速。调整时应先停止主轴的运转，打开带罩，用手转动皮带轮（塔轮），并将三角皮带挂在小皮带轮上，然后再挂在大皮带轮上，用手转动，直至挂到所需转速的带轮为止。

② 工作台的调整：先用左手托住工作台，再用右手松开锁紧手柄，并摆动工作台使其上下移动到所需位置，然后扳紧锁紧手柄。

③ 主轴的进给是靠进给手柄来实现的。钻孔前要先检查工件放置的高度是否合适。进给速度要均匀，不能太快。

（2）立式钻床

立式钻床简称立钻。这类钻床的规格用最大钻孔直径表示。与台钻相比，立钻刚性好、功率大，因而允许钻削较大的孔，生产效率较高，加工精度也较高。立钻适用于单件、小批量生产中加工中小型零件。立钻由底座、立柱、电动机、主轴箱、自动进刀箱、进给手柄、主轴变速箱和工作台等主要部分组成，如图 2-5-2 所示。

（3）摇臂钻床

摇臂钻床有一个能绕立柱旋转的摇臂，摇臂带着主轴箱可沿立柱垂直移动，同时主轴箱还能在摇臂上做横向移动。因此操作时能很方便地调整刀具的位置，以对准被加工孔的中心，而无须移动工件来进行加工。摇臂钻床适用于一些笨重的大工件以及多孔工件的加工。摇臂钻床由机座、立柱、主轴箱、摇臂、主轴和工作台等组成，如图 2-5-3 所示。

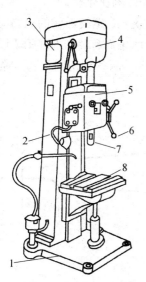

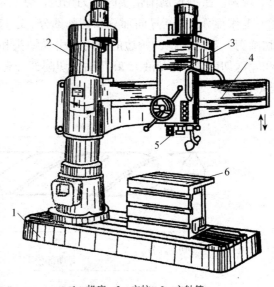

1—底座；2—立柱；3—电动机；4—主轴箱；5—自动
进刀箱；6—进给手柄；7—主轴变速箱；8—工作台

**图 2-5-2　立式钻床**

1—机座；2—立柱；3—主轴箱；
4—摇臂；5—主轴；6—工作台

**图 2-5-3　摇臂钻床**

（4）手电钻

手电钻主要由电动机和两级减速齿轮组成，分为两相（220V、36V）、三相（380V）两种。其最大钻孔直径有 6mm、10mm、13mm、19mm、23mm 等几种。手电钻有质量轻、体积小、携带方便、操作简单、使用灵活等优点，如图 2-5-4 所示。

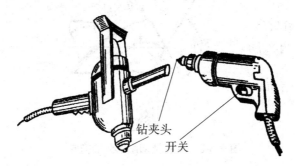

钻夹头
开关

**图 2-5-4　手电钻**

2. 钻头

钻头是钻孔用的切削工具，种类较多，有中心钻、扁钻、深孔钻、麻花钻等。其中麻花钻是最常用的一种钻头，通常直径范围为 0.25～80mm，工作部分有两条螺旋形的沟槽，形似麻花，因而得名。麻花钻常用高速钢制造，工作部分经热处理淬硬至 62～65HRC。

麻花钻由柄部、颈部及工作部分组成，如图 2-5-5 所示。

① 柄部：是钻头的夹持部分，起传递动力的作用。柄部有直柄和锥柄两种。直柄传递扭矩较小，一般用于直径小于 13mm 的钻头；锥柄可传递较大扭矩（主要靠柄尾部分），用于直径大于 13mm 的钻头，锥柄为莫氏圆锥体。

② 颈部：是砂轮磨削钻头时退刀用的，钻头的直径等一般也刻在颈部。

③ 工作部分：包括导向部分和切削部分。导向部分有两条狭长、螺纹形状的刃带（棱边，即副切削刃）和螺旋槽。棱边的作用是引导钻头和修光孔壁，两条对称螺旋槽的作用是排除切屑和输送切削液（冷却液）。麻花钻的切削部分有两条主切削刃、两条副切削刃和一条横刃，如 2-5-6 所示。

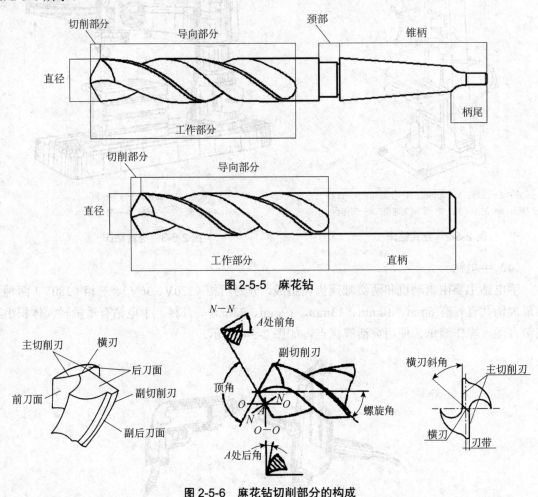

图 2-5-5  麻花钻

图 2-5-6  麻花钻切削部分的构成

两条主切削刃之间的夹角称为顶角。顶角大，钻尖强度大，但是钻削时轴向力大。顶角小，轴向力小，但钻尖瘦弱。目前出厂的标准钻头顶角通常为 118°±2°，螺旋角为 25°～32°，横刃斜角为 40°～60°，后角为 8°～20°。

钻头的刃磨：钻头的后刀面接触砂轮进行刃磨，右手绕钻头的轴线微微转动，左手做上下小幅摆动，如图 2-5-7 所示。这样钻头的轴心与砂轮圆柱面母线的夹角等于钻头顶角的一半，可同时磨出顶角、后角、横刃斜角，磨好一面，再磨另一面。

刃磨时，要随时检查角度的正确性与对称性，标准麻花钻的顶角是 118°。在顶角为 118°时，钻头两主切削刃成直线；小于 118°时，钻头两主切削刃呈中间凸出的曲线；顶角大于 118°时，钻头两主切削刃呈中间凹入的曲线。可根据两主切削刃是否呈直线或对称的曲线，判断刃磨的钻头的对称度及两主切削刃长度是否一致。

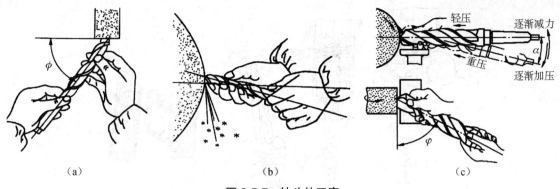

图 2-5-7　钻头的刃磨

后角不能过大。后角过大，钻头的横刃肯定长，不利于切削。工作中要练就用肉眼判断的本领，反复观察。为防止发热退火，刃磨时须用水冷却。

### 3. 钻孔用的夹具

钻孔用的夹具主要包括钻头夹具和工件夹具两种。

（1）钻头夹具

常用的钻头夹具是钻夹头和钻套。

钻夹头：适用于装夹直柄钻头。钻夹头柄部是圆锥面，可与钻床主轴内孔配合安装；头部三个爪可通过转动紧固扳手而同时张开或合拢，如图 2-5-8 所示。

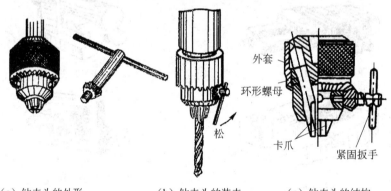

（a）钻夹头的外形　　　（b）钻夹头的装夹　　　（c）钻夹头的结构

图 2-5-8　钻夹头

钻套：又称过渡套筒，用于装夹锥柄钻头。钻套一端（孔）安装钻头，另一端（外锥面）接钻床主轴内锥孔。其样式及拆装方法如图 2-5-9 所示。

基本钻套有五种：

1 号——内锥孔为 1 号莫氏锥度，外圆锥为 2 号莫氏锥度。

2 号——内锥孔为 2 号莫氏锥度，外圆锥为 3 号莫氏锥度。

3 号——内锥孔为 3 号莫氏锥度，外圆锥为 4 号莫氏锥度。

4 号——内锥孔为 4 号莫氏锥度，外圆锥为 5 号莫氏锥度。

5 号——内锥孔为 5 号莫氏锥度，外圆锥为 6 号莫氏锥度。

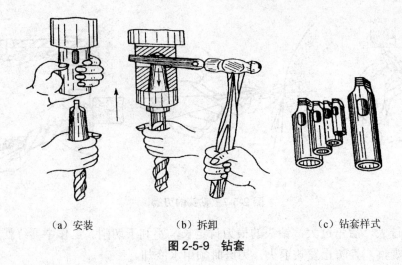

（a）安装　　　　　　（b）拆卸　　　　　　（c）钻套样式

图 2-5-9　钻套

（2）工件夹具

常用的工件夹具有手虎钳、平口钳、V 形铁和压板等。装夹工件要牢固可靠，但又不能将工件夹得过紧而损伤工件，或使工件变形而影响钻孔质量（特别是薄壁工件和小工件），如图 2-5-10 所示。

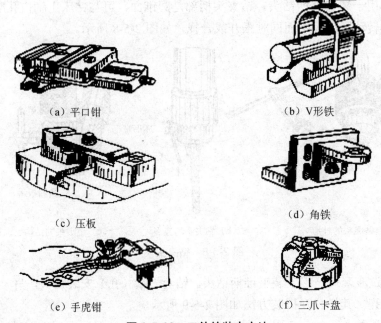

（a）平口钳　　　　　　　　　　　　（b）V形铁

（c）压板　　　　　　　　　　　　（d）角铁

（e）手虎钳　　　　　　　　　　　　（f）三爪卡盘

图 2-5-10　工件的装夹方法

### 4. 钻孔操作

① 钻孔前一般先划线，确定孔的中心，在孔中心先用冲头打出较大中心眼。

② 钻孔时应先钻一个浅坑，以判断是否对中。

③ 在钻削过程中，特别是钻深孔时，要经常退出钻头以排出切屑和进行冷却，否则可能导致切屑堵塞或钻头过热磨损甚至折断，并影响加工质量。

④ 钻通孔时，当孔将被钻透时，进刀量要减小，避免钻头在钻穿的瞬间抖动，出现"啃刀"现象，影响加工质量，损伤钻头，甚至发生事故。

⑤ 大于 $\phi 30mm$ 的孔应分两次钻，第一次钻一个直径较小的孔，第二次用钻头将孔扩大到所要求的直径。

⑥ 钻削时的冷却与润滑：钻削钢件时常用机油或乳化液，钻削铝件时常用乳化液或煤油，钻削铸铁时则用煤油。

### 5. 钻孔时的冷却和润滑

钻孔时，由于加工材料和加工要求不一，所用切削液的种类和作用也不一样。

① 钻孔一般属于粗加工，又是半封闭状态加工，摩擦严重，散热困难，加切削液的目的应以冷却为主。

② 在高强度材料上钻孔时，因钻头前刀面要承受较大的压力，要求润滑膜有足够的强度，以减少摩擦和钻削阻力。因此，可在切削液中增加硫、二硫化钼等成分，如硫化切削油。

③ 在塑性、韧性较大的材料上钻孔，要求加强润滑作用，在切削液中可加入适当的动物油和矿物油。

④ 孔的精度要求较高和表面粗糙度值要求很小时，应选用主要起润滑作用的切削液。

# 二、扩孔

扩孔即扩大已加工出的孔（铸出、锻出或钻出的孔），它可以校正孔的轴线偏差，并使孔获得正确的几何形状和较小的表面粗糙度值，其加工精度一般为 IT10～IT9 级，表面粗糙度为 Ra3.2～6.3μm。扩孔的加工余量一般为 0.2～4mm。

可用麻花钻扩孔，但当孔精度要求较高时常用扩孔钻。扩孔钻的形状与钻头相似，不同的是扩孔钻有 3～4 个切削刃，且没有横刃，其顶端是平的，螺旋槽较浅，故钻芯粗实、刚性好、不易变形、导向性好。扩孔方法基本和钻孔相同。

### 1. 用麻花钻扩孔

如果孔径较大或孔面有一定的表面质量要求，孔不能用麻花钻在实体上一次钻出，常用直径较小的麻花钻预钻一孔，然后用修磨的大直径麻花钻进行扩孔。由于避免了麻花钻横刃切削的不良影响，扩孔时可适当提高切削用量；同时，由于吃刀量减小，切屑容易排出，孔的粗糙度值会减小。

用麻花钻扩孔时，扩孔前的钻孔直径为所扩孔径的 50%～70%，扩孔时的切削速度约为钻孔的 1/2，进给量为钻孔的 1.5～2 倍。

### 2. 用扩孔钻扩孔

为提高扩孔的加工精度，预钻孔后，在不改变工件与机床主轴相互位置的情况下，换上专用扩孔钻进行扩孔。这样可使扩孔钻的轴心线与已钻孔的中心线重合，使切削平稳，保证加工质量。用扩孔钻对已有的孔进行再加工时，其加工质量及效率优于麻花钻。

专用扩孔钻通常有 3～4 个切削刃，主切削刃短，刀体的强度和刚度好，导向性好，切削平稳。扩孔钻刀体上的容屑空间可通畅地排屑，因此可以扩盲孔。

对于在原铸孔、锻孔上进行扩孔，为提高质量，可先用镗刀镗出一段直径与扩孔钻相同的导向孔，然后再进行扩孔。这样可使扩孔钻在一开始进行扩孔时就有较好的导向，而不会随原有不正确的孔偏斜。

扩孔钻的结构有高速钢整体式，如图 2-5-11（a）所示；镶齿套式，如图 2-5-11（b）所示；镶硬质合金套式，如图 2-5-11（c）所示。

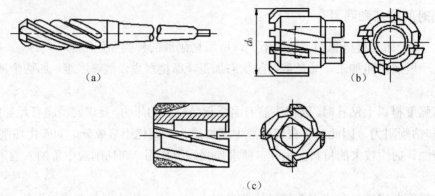

（a）

（b）

（c）

图 2-5-11　扩孔钻

### 3. 扩孔的余量与切削用量

扩孔的余量一般为孔径的 1/8 左右，对于小于 $\phi 25mm$ 的孔，扩孔余量为 1～3mm，较大的孔为 3～9mm。

扩孔时的切削用量主要受表面质量要求的限制，切削速度受刀具耐用度的限制。

## 三、锪孔

锪孔是指在已加工的孔上加工圆柱形沉头孔、锥形沉头孔和凸台断面等。锪孔时使用的刀具称为锪钻，一般用高速钢制造。加工大直径凸台断面的锪钻，可用硬质合金重磨式刀片或可转位式刀片，用镶齿或机夹的方法，固定在刀体上制成。锪钻导柱的作用是导向，以保证被锪沉头孔与原有孔同轴。

锪孔的目的是保证孔口与孔中心线的垂直度，以确保与孔连接的零件位置正确，连接可靠。在工件的连接孔端锪出柱形或锥形埋头孔，将埋头螺钉埋入孔内把有关零件连接起来，使外观整齐，装配位置紧凑。将孔口端面锪平，并与孔中心线垂直，能使连接螺栓（或螺母）的端面与连接件保持良好接触。

锪钻分柱形锪钻、锥形锪钻、端面锪钻三种，如图 2-5-12 所示。

① 柱形锪钻用于锪圆柱形埋头孔，如图 2-5-12（a）所示。

柱形锪钻起主要切削作用的是端面刀刃，螺旋槽的斜角就是它的前角。锪钻前端有导柱，导柱直径与工件已有孔为紧密的间隙配合，以保证良好的定心和导向。这种导柱是可拆的，也可以把导柱和锪钻制成一体。

② 锥形锪钻用于锪锥形孔，如图 2-5-12（b）所示。

锥形锪钻的锥角按锥形埋头孔的要求不同，有 60°、75°、90°、120° 四种，其中 90° 的用得最多。

③ 端面锪钻专门用来锪平孔口端面，如图 2-5-12（c）所示。

端面锪钻可以保证孔的端面与孔中心线的垂直度。当已加工的孔径较小时，为了使刀杆保持一定强度，可将刀杆头部的一段直径与已加工孔调整为间隙配合，以保证良好的导向作用。

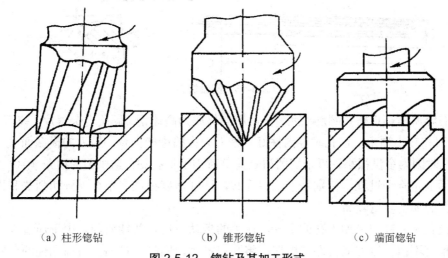

（a）柱形锪钻        （b）锥形锪钻        （c）端面锪钻

**图 2-5-12　锪钻及其加工形式**

# 四、铰孔

铰孔是用铰刀从工件壁上切除微量金属层，以提高孔的尺寸精度和表面质量的加工方法。铰孔是应用较普遍的孔的精加工方法之一，其加工精度可达 IT7～IT6 级，表面粗糙度为 Ra0.4～0.8μm。

铰刀是多刃切削刀具，常用的有：整体圆柱形机铰刀（见图 2-5-13）和手铰刀、可调节的手铰刀（见图 2-5-14）、螺旋槽手铰刀。铰刀按使用方式分为手用铰刀和机用铰刀，按铰孔形状分为圆柱铰刀和圆锥铰刀（见图 2-5-15）。标准圆锥铰刀有 1：50 锥度销子铰刀和莫氏锥度铰刀两种类型。

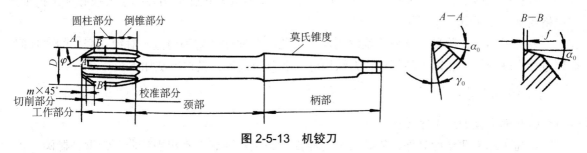

**图 2-5-13　机铰刀**

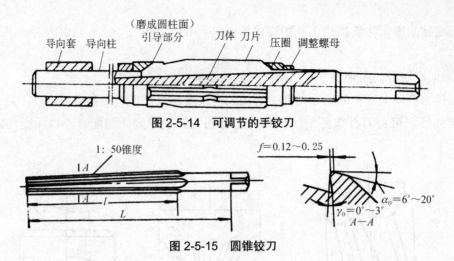

图 2-5-14  可调节的手铰刀

图 2-5-15  圆锥铰刀

铰刀的容屑槽有直槽和螺旋槽两种，常用的材质为高速钢、硬质合金镶片。铰刀上有 6～12 个切削刃和较小顶角，铰孔时导向性好。铰刀刀齿的齿槽很宽，铰刀的横截面大，因此刚性好。铰孔时因为余量很小，每个切削刃上的负荷小于扩孔钻，切削刃的前角 $\gamma_0=0°$，所以铰削过程实际上是修刮过程。特别是手工铰孔时，切削速度很低，不会受到切削热和振动的影响，因此孔的加工质量较高。

手工铰孔时，铰刀受加工孔的引导，在手的振动下进行断续铰削。由于通过人手直接扳动铰刀，稍有不慎，铰刀就会左右摇摆，将孔口扩大。同时，铰刀会有周期性的停歇，影响加工孔的表面粗糙度。所以加工时一定要用力均匀，速度适中。

铰孔时铰刀不能倒转，否则会卡在孔壁和切削刃之间，而使孔壁划伤或切削刃崩裂。铰孔时常用适当的冷却液来降低刀具和工件的温度，防止产生切屑瘤，并减少切屑细末黏附在铰刀和孔壁上，从而提高孔的质量。如图 2-5-16 所示是铰孔的步骤。

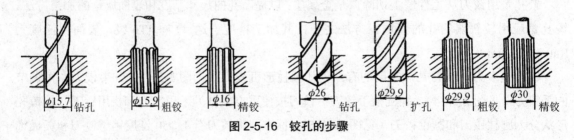

图 2-5-16  铰孔的步骤

铰孔在机械制造及装配和维修加工中应用广泛，这要求操作人员熟练掌握铰孔加工技术，严格控制铰孔质量。

要想提高铰孔质量，就要正确编制加工工艺，合理选择切削用量，对铰孔产生的质量问题进行正确分析、加以控制，对铰刀结构进行必要的改进。具体方法如下。

### 1. 铰孔工艺

（1）提高预加工工序质量

提高预加工孔精度是保证铰孔质量的前提。必须保证底孔不出现弯曲、锥度、椭圆、轴线歪斜、表面粗糙等缺陷。

（2）合理编排工艺过程

对于精度为 IT8～IT7、Ra1.6～0.8μm、$D>20$mm 的孔，其铰孔加工工艺一般为：钻孔→扩孔→（镗孔）→粗铰→精铰。其中，镗孔是在条件具备的情况下进行的，可以提高孔的直线度、降低表面粗糙度值。

### 2. 合理选择切削用量

（1）铰削余量

铰削余量过大，加工时铰刀易折断；铰削余量过小，则不能完全去除上道工序留下的加工痕迹，影响孔的尺寸精度和表面粗糙度。根据加工经验，在钻床上铰削时，铰削余量/铰孔直径分别取 0.1mm/（3～4）mm、0.2mm/（5～10）mm、1mm/（12～16）mm 和 2mm/（18～30）mm。

（2）铰削速度

铰削速度过高或过低均易产生卷屑，影响加工表面粗糙度。考虑到刀具的寿命、加工孔的质量，铰孔时根据工件材料选择 $v_铰$＝5～12m/min。

（3）进给量

进给量大会使工件孔产生表面硬化和粗糙，应加以控制。根据工件材料的不同，在钻床上铰孔时，$f_铰$＝0.18～1.5mm/r。

# 五、攻螺纹

攻螺纹（俗称攻丝）是使用丝锥来加工内螺纹。

### 1. 攻螺纹工具

（1）丝锥

丝锥是用来加工较小直径内螺纹的成形刀具，一般选用合金工具钢 9SiGr 并经热处理制成。通常 M6～M24 的丝锥一套为两支，称头锥、二锥；M6 以下及 M24 以上一套有三支，即头锥、二锥和三锥。

每个丝锥都由工作部分和柄部组成，如图 2-5-17 所示。

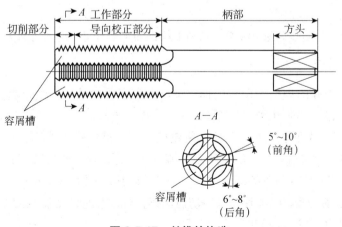

图 2-5-17 丝锥的构造

工作部分由切削部分和导向校正部分组成。轴向有几条（一般是三条或四条）容屑槽，相应地形成几瓣刀刃（切削刃）和前角。切削部分（即不完整的牙齿部分）是切削螺纹的重要部分，常磨成圆锥形，以便使切削负荷分配在几个刀齿上。头锥的锥角小些，有5～7个牙；二锥的锥角大些，有3～4个牙。导向校正部分具有完整的牙齿，用于修光螺纹和引导丝锥沿轴向运动。柄部有方头，其作用是与铰杠相配合并传递扭矩。

（2）铰杠

铰杠是用来夹持丝锥的工具，常用的是可调式铰杠，如图2-5-18所示。旋转手柄即可调节方孔的大小，以便夹持不同尺寸的丝锥。铰杠长度应根据丝锥尺寸进行选择，以便控制攻螺纹时的扭矩，防止丝锥因施力不当而扭断。

图2-5-18　可调式铰杠

2. 攻螺纹钻底孔直径和深度的确定

（1）底孔直径的确定

丝锥在攻螺纹的过程中，切削刃主要是切削金属，但还有挤压金属的作用，因而造成金属凸起并向牙尖流动的现象。所以攻螺纹前，钻削的孔径（即底孔）应大于螺纹内径。底孔的直径可查手册或按下面的经验公式计算。

脆性材料（铸铁、青铜等）：

$$d_0（钻孔直径）=d（螺纹外径）-1.1p（螺距）$$

塑性材料（钢、紫铜等）：

$$d_0（钻孔直径）=d（螺纹外径）-p（螺距）$$

（2）钻孔深度的确定

攻盲孔（不通孔）的螺纹时，因丝锥不能攻到底，所以孔的深度要大于螺纹的长度。盲孔的深度可按下面的公式计算：

$$孔的深度=所需螺纹的深度+0.7d（螺纹外径）$$

（3）孔口倒角

攻螺纹前要在钻孔的孔口进行倒角，以利于丝锥的定位和切入。倒角的深度大于螺纹的螺距。

3. 攻螺纹的操作

根据工件上螺纹孔的规格，正确选择丝锥，先头锥后二锥，不可颠倒使用。工件装夹时，要使孔中心垂直于钳口，防止螺纹攻歪。

用头锥攻螺纹，起攻时，可用手掌按住铰杠中部，沿丝锥轴线用力加压，另一只手配合做顺时针方向旋转，如图2-5-19（a）所示。旋入1～2圈后，要检查丝锥是否与孔端面垂直（可目测或用直角尺在互相垂直的两个方向检查），如图2-5-19（b）所示。当切削部分已切入工件后，每转1～2圈应反转1/4圈，以便切屑断落；同时不能再施加压力（即只转动不加压），以免丝锥崩牙或攻出的螺纹齿较瘦。

攻钢件上的内螺纹，要加机油润滑，可使螺纹光洁，并能省力和延长丝锥使用寿命；攻铸铁上的内螺纹，可加煤油；攻铝及铝合金、紫铜上的内螺纹，可加乳化液。

不要用嘴直接吹切屑，以防切屑飞入眼内。

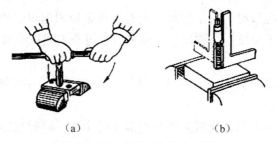

（a）　　　　　　　　　　（b）

图 2-5-19　攻丝的方法和测量

# 六、套螺纹

套螺纹（俗称套丝）是利用板牙来套制外螺纹。

## 1. 套螺纹工具

（1）板牙

板牙是加工外螺纹的刀具，用合金工具钢 9SiGr 制成，并经热处理淬硬。其外形像一个圆螺母，上面钻有 3～4 个排屑孔，并形成刀刃，如图 2-5-20 所示。

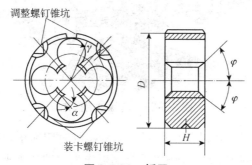

图 2-5-20　板牙

板牙由切削部分、定位部分和排屑孔组成。圆板牙螺孔的两端有 40°的锥度部分，是板牙的切削部分。定位部分起修光作用。板牙的外圆有一条深槽和四个锥坑，锥坑用于定位和紧固板牙。

（2）板牙架

板牙架是用来夹持板牙、传递扭矩的工具。不同外径的板牙应选用不同的板牙架，如图 2-5-21 所示。

图 2-5-21　板牙架

### 2. 套螺纹前圆杆直径的确定和倒角

（1）圆杆直径的确定

与攻螺纹相同，套螺纹时有切削作用，也有挤压金属的作用。故套螺纹前必须检查圆杆直径。圆杆直径应稍小于螺纹的公称尺寸，圆杆直径可查表或按经验公式计算。

经验公式：

$$圆杆直径=d（螺纹外径）-（0.13～0.2）p（螺距）$$

（2）圆杆端部的倒角

套螺纹前圆杆端部应倒角，使板牙容易对准工件中心，同时也容易切入。倒角长度应大于一个螺距，斜角为 $15°～30°$。

### 3. 套螺纹的操作方法

在套丝的圆杆上要倒角，使板牙的端面与工件轴线垂直，开始转动板牙时，要稍加压力，套入 3～4 牙后，可只转动而不加压，并经常反转，以便断屑，如图 2-5-22 所示。

图 2-5-22　套螺纹的操作

在套丝时加冷却液润滑，可减小切削阻力。套螺纹时切削扭矩很大，易损坏圆杆的已加工面，所以应使用硬木制的 V 形槽衬垫或用厚铜板作为保护片来夹持工件。工件伸出钳口的长度，在不影响螺纹要求长度的前提下，应尽量小。

实训操作

### 1. 选择钻削用量的原则

对钻孔生产率的影响，切削速度和进给量是相同的；对钻头寿命的影响，切削速度比进给量大；对孔的粗糙度的影响，进给量比切削速度大。综合以上影响因素，钻孔时选择切削用量的基本原则是：在保证表面粗糙度的前提下，在工艺系统强度和刚度的承受范围内，尽量先选较大的进给量，然后考虑刀具耐用度、机床功率等因素，选用较大的切削速度。

① 切削深度的选择：直径小于 30mm 的孔一次钻出；直径为 30～80mm 的孔可分两次钻削，先用（0.5～0.7）$D$ 的钻头钻底孔（$D$ 为要求的孔径），然后用直径为 $D$ 的钻头将孔扩大。

这样可减小切削深度，减小工艺系统轴向受力，并有利于提高钻孔加工质量。

② 进给量的选择：孔的精度要求较高和粗糙度值要求较小时，应取较小的进给量；钻孔较深、钻头较长、刚度和强度较差时，也应取较小的进给量。

③ 切削速度的选择：当钻头的直径和进给量确定后，切削速度应按钻头的寿命选取合理的数值。孔深较大时，钻削条件差，应取较小的切削速度。

2. 孔加工操作练习

加工步骤：

根据本实训项目任务一中工件上所划的线进行加工。

① 分别用 $\phi$8.5 mm、$\phi$9.8 mm 钻头在台式钻床上钻削 2×M10、3×$\phi$10 mm 各孔，确保各孔之间的位置和距离达到图纸（见图 2-5-23）尺寸。

② 在 $\phi$8.5 mm 孔用 M10 丝锥攻丝，保证同轴度在 0.30 mm 之内。

③ 在 $\phi$9.8 mm 孔用 $\phi$10 mm 铰刀铰孔，精度达到 H9，表面粗糙度达到 Ra1.6μm。

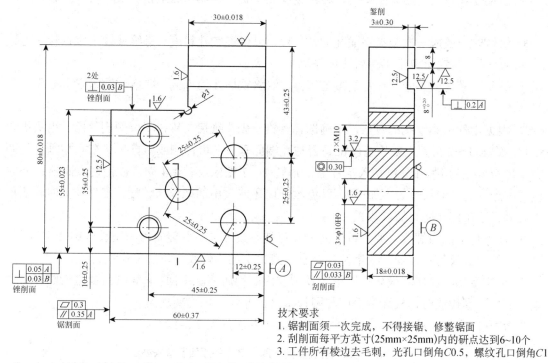

**图 2-5-23  孔加工操作练习工件**

3. 孔加工时的注意事项

① 钻头几何形状必须刃磨正确，两切削刃要保持对称。钻头后角过大，会产生"扎刀"现象，引起颤振，使钻出的孔呈多角形。应修磨横刃，以减小钻孔轴向力。

② 钻头必须装正，保持钻头锋利，用钝后应及时修磨。

③ 合理选择钻头几何参数和钻削用量，按钻孔深度要求，应尽量缩短钻头长度、加大钻芯厚度以增加刚性。使用高速钢钻头时，切削速度不可过高，以防烧坏刀刃。进给量不宜过大，以防钻头磨损加剧或使孔钻偏，在切入和切出时进给量应适当调小。

④ 充分冷却与润滑，切削液一般以硫化油为宜，流量不得小于 5L/min，不可中途停止冷却。在直径较大时，应尽可能采用内冷却方式。

⑤ 认真注意钻削过程，应及时观察切屑排出状况，若发现切屑杂乱卷绕应立即退刀检查，以防止切屑堵塞。还应注意机床运转声音，发现异常应及时退刀，不能让钻头在钻削表面上停留，以防钻削表面硬化加剧。

⑥ 锪孔时要先调整好工件的螺栓通孔与锪钻的同轴度，再夹紧工件。锪孔切削速度应比钻孔低，一般为钻孔切削速度的 1/3～1/2。同时，由于锪孔时的轴向抗力较小，所以以手进给压力不宜过大，并要均匀。进给量为钻孔的 2～3 倍。精锪时，往往在钻床停车后靠主轴惯性来锪孔，以减少振动而获得光滑表面。

⑦ 为控制锪孔深度，在锪孔前可对钻床主轴（锪钻）的进给深度，用钻床上的深度标尺和定位螺母做好调整定位工作。

⑧ 锪钢件时，因切削热量大，要在导柱和切削表面加润滑油。

⑨ 手动铰孔时两手用力要均匀，旋转速度要平稳，不能左右摇摆，要顺时针旋转，不能反转。

⑩ 机铰时一般应一次装夹完成孔的钻、铰，以保证铰孔精度。进给速度不宜过快，退铰刀时不能反转，待完全退出工件后才可停机。

⑪ 钻孔时禁止戴手套，长发要戴工作帽，清除铁屑要用毛刷，严格按钻床安全操作规程进行操作。

⑫ 根据工件上螺纹孔的规格，正确选择丝锥，先头锥后二锥，不可颠倒使用。用头锥攻螺纹时，旋入 1～2 圈后，要检查丝锥是否与孔端面垂直（可目测或用直角尺在互相垂直的两个方向检查）。当切削部分已切入工件后，每转 1～2 圈应反转 1/4 圈，以便切屑断落；同时不能再施加压力（即只转动不加压），以免丝锥崩牙或攻出的螺纹齿较瘦。工件装夹时，要使孔中心垂直于钳口，防止螺纹攻歪。

⑬ 攻钢件上的内螺纹，要加机油润滑，可使螺纹光洁，并能省力和延长丝锥使用寿命；攻铸铁上的内螺纹可加煤油；攻铝及铝合金、紫铜上的内螺纹，可加乳化液。

⑭ 每次套螺纹前应将板牙排屑槽内及螺纹内的切屑清除干净；套螺纹前要检查圆杆直径和端部倒角；套螺纹时，板牙端面应与圆杆垂直，操作时用力要均匀。

⑮ 钻孔时所发生的问题、产生的原因及解决办法见表 2-5-1。

表 2-5-1 钻孔时发生的问题、产生的原因及解决办法

| 所发生的问题 | 产生的原因 | 解决方法 |
| --- | --- | --- |
| 孔呈多角形 | (1) 钻头后角过大<br>(2) 两主切削刃不等长，顶角不对称 | 正确刃磨钻头 |
| 孔径大于规定尺寸 | (1) 两切削刃长度不等、高低不一<br>(2) 钻床主轴径向摆动，工作台未锁紧，钻夹头定心不准<br>(3) 钻头弯曲，径向跳动误差大 | (1) 正确刃磨钻头<br>(2) 修正主轴，锁紧工作台<br>(3) 更换钻头 |
| 孔壁粗糙 | (1) 钻头不锋利<br>(2) 钻头太短，排屑槽堵塞<br>(3) 进给量太大<br>(4) 冷却不足，冷却液选用不当 | (1) 钻头修磨锋利<br>(2) 多次提起钻头排屑或更换钻头<br>(3) 减小进给量<br>(4) 及时输入正确的冷却液 |

| 所发生的问题 | 产生的原因 | 解决方法 |
| --- | --- | --- |
| 钻孔偏移或孔偏斜 | （1）工件划线不准确、装夹不正确，工件表面与钻头不垂直<br>（2）钻头横刃太长，定心不准确，起钻后未及时纠正<br>（3）进给量过大，使钻头弯曲 | （1）正确划线，正确夹持工件并找正<br>（2）磨短横刃<br>（3）减小进给量 |

⑯ 攻螺纹、套螺纹时所发生的问题、产生的原因及解决办法见表 2-5-2。

**表 2-5-2　攻螺纹、套螺纹时出现的问题、产生的原因及解决办法**

| 所发生的问题 | 产生的原因 | 解决方法 |
| --- | --- | --- |
| 螺纹乱牙 | （1）攻丝时底孔直径太小<br>（2）换用二、三锥时强行找正<br>（3）圆杆直径过大<br>（4）板牙与圆杆不垂直，套螺纹时强行纠正 | （1）选用合适的底孔钻头<br>（2）慢慢旋入二锥，使头锥与二锥中心重合<br>（3）将圆杆直径加工至符合要求的尺寸<br>（4）随时检查板牙与圆杆的垂直度 |
| 螺纹滑牙 | （1）攻不通孔的较小螺纹时，丝锥到底了仍继续旋转<br>（2）攻强度低或小孔螺纹，丝锥已经切出螺纹仍继续加压或攻完时快速转出<br>（3）未加任何切削润滑液及一直攻、套不倒转，切屑堵塞将螺纹啃坏 | （1）丝锥到底后及时停止并退出<br>（2）丝锥切出螺纹后不应继续加压<br>（3）添加适当的切削润滑液并及时注意倒转 |
| 螺纹歪斜 | （1）攻、套位置不正确，起攻、套时未做垂直度检查<br>（2）孔口、杆端倒角不良，两手用力不均，切入时歪斜 | （1）攻、套时位置一定要正确，起攻、套时应该先检查垂直度<br>（2）孔口、杆端应该倒角，两手用力要均匀，防止歪斜 |
| 丝锥折断 | （1）底孔过小<br>（2）攻入时丝锥歪斜或歪斜后强行校正<br>（3）没有经常反转断屑或不通孔攻到底还继续攻<br>（4）工件过硬 | （1）合理选择钻头钻孔<br>（2）攻入时检查垂直度<br>（3）经常反转断屑，不通孔攻到底立即停止<br>（4）工件过硬时动作要轻，防止用力过大 |

⑰ 铰孔时所发生问题、产生的原因及解决办法见表 2-5-3。

**表 2-5-3　铰孔存在的质量问题、产生原因及解决办法**

| 所发生的问题 | 产生的原因 | 解决办法 |
| --- | --- | --- |
| 孔径增大 | （1）铰刀外径尺寸偏大<br>（2）铰削速度过高<br>（3）进给量不当或加工余量过大<br>（4）铰刀主偏角过大<br>（5）铰刀弯曲<br>（6）铰刀刃口黏附着切屑瘤<br>（7）铰刀刃口摆差超差<br>（8）切削液选择不当<br>（9）安装铰刀时锥柄表面未擦净<br>（10）主轴轴承过松或损坏，铰刀在加工中晃动<br>（11）铰孔时余量偏心，与工件不同轴 | （1）选择适当的铰刀外径<br>（2）降低铰刀速度<br>（3）适当调整进给量或减小加工余量<br>（4）适当减小主偏角<br>（5）更换铰刀<br>（6）刃口用油石修整或进行表面硬化处理<br>（7）控制摆差在允许的范围内<br>（8）选择冷却性能好的切削液<br>（9）安装前将刀柄及主轴锥孔内部油污擦净<br>（10）调整或更换主轴轴承<br>（11）调整同轴度 |
| 铰出的内孔不圆 | （1）内孔表面有交叉孔，铰刀过长，刚性不足，铰削时产生振动<br>（2）铰刀主偏角过小<br>（3）铰刀刃带窄<br>（4）铰孔余量偏心<br>（5）薄壁工件装夹过紧，工件变形 | （1）采用不等分齿距的铰刀和较长、较精密的导向套，铰刀的安装采用刚性连接<br>（2）增大主偏角<br>（3）选用合格铰刀<br>（4）控制底孔位置公差<br>（5）采用恰当的夹紧方法，减小夹紧力 |
| 孔内表面有明显棱面 | （1）铰孔余量过大<br>（2）铰刀切削部分后角过大<br>（3）铰刀刃带过宽<br>（4）主轴摆差过大 | （1）减小铰孔余量<br>（2）减小切削部分后角<br>（3）修磨刃带宽度<br>（4）调整机床主轴 |

（续表）

| 所发生的问题 | 产生的原因 | 解决办法 |
|---|---|---|
| 内孔表面粗糙度值大 | （1）铰削速度过高<br>（2）切削液选择不当，未能顺利流到切削处<br>（3）铰刀主偏角过大且刃口不在同一圆周上<br>（4）铰孔余量太大<br>（5）铰孔余量不均匀或太小，局部表面未铰到<br>（6）铰刀切削部分刃口不锋利，表面粗糙<br>（7）铰刀刃带过宽<br>（8）铰孔时排屑不畅<br>（9）铰刀过度磨损<br>（10）刃口有毛刺、积屑瘤 | （1）降低切削速度<br>（2）正确选择切削液，经常清除切屑，用足够的压力浇注切削液<br>（3）适当减小主偏角，正确刃磨铰刀刃口<br>（4）适当减小铰孔余量<br>（5）提高底孔位置精度或增加铰孔余量<br>（6）经过精磨或研磨达到要求<br>（7）修磨刃带宽度<br>（8）减少铰刀齿数，加大容屑槽空间<br>（9）定期更换铰刀<br>（10）用油石修整刃口 |

**评分标准**

孔加工的评分标准见表 2-5-4。

表 2-5-4　孔加工的评分标准

| 实训项目 | | 孔加工 | | | | |
|---|---|---|---|---|---|---|
| 序号 | 检测内容 | | 配分 | 评分标准 | 学生自评 | 教师评分 |
| 1 | $3 \times \phi 10mm$ 尺寸 | | 45 | 每孔 15 分，超差无分 | | |
| 2 | $25 \pm 0.25mm$ 尺寸 | | 9 | 每处 3 分<br>超差 0.05mm 扣 3 分 | | |
| 3 | $35 \pm 0.25mm$ 尺寸 | | 3 | 超差 0.05mm 扣 3 分 | | |
| 4 | $43 \pm 0.25mm$、$45 \pm 0.25mm$、$12 \pm 0.25mm$、$10 \pm 0.25mm$ 尺寸 | | 20 | 每处 5 分，超差无分 | | |
| 5 | $2 \times M10$ 尺寸 | | 8 | 每孔 4 分，超差无分 | | |
| 6 | 现场考核 | | 15 | 安全文明生产 9 分<br>设备使用 3 分<br>工、量具使用 3 分 | | |
| | 综合得分 | | 100 | | | |
| 系部 | | 班级 | | 姓名 | 学号 | |
| 教师评语 | | | | | | |

## 任务六　刮削

刮削也叫刮研，是利用刮刀、校准工具和显示剂，以手工操作的方式，边研点边测量，用刮刀在工件表面上刮去金属薄层，使工件达到工艺上规定的尺寸、几何形状、表面粗糙度值和密合性等要求的一项钳工作业。

刮削的目的是降低零件表面粗糙度值，提高互动配合零件之间的几何精度、配合精度、配合刚度，改善润滑性能，从而提升机械效率，延长机械使用寿命。

知识与技能目标

* 了解刮刀的材料、种类和平面刮刀的尺寸及几何角度，熟练掌握刮刀的刃磨；
* 掌握刮削的操作要领及方法，会研点和显点，能独立进行一般零件的刮削；
* 严格遵守操作规程，养成文明生产、安全生产的良好习惯。

工作准备

平面刮刀、刮削平板、工件、红丹粉 1 kg、机油 1 kg 等。

理论知识

# 一、刮削的特点及作用

刮削具有切削量小、切削力小、切削热少和切削变形小的特点，所以能获得很高的尺寸精度、形状精度、接触精度和很小的表面粗糙度值。

刮削时，工件受到刮刀的推挤和压光作用，使工件表面组织变得比原来紧密，表面粗糙度值很小。

刮削广泛应用在机器和工具的制造及机械设备的修理工作中。通常机床的导轨、拖板、滑动轴承的轴瓦都是用刮削的方法精加工而成的。

刮削过程是在工件与校准工具或与其配合的工件之间涂上一层显示剂，使工件上的"高点"显现出来，然后用刮刀进行微量切削，刮去"高点"处的金属。这样反复研点、刮削，最后使工件达到预定的加工精度要求。

# 二、刮削工具

刮削的工具有刮刀、校准工具（研具）和显示剂。

## 1. 刮刀

根据不同的刮削表面，刮刀可分为平面刮刀和曲面刮刀两大类。刮刀头部要有足够的硬度，刃口锋利。材料可用碳钢、轴承钢或硬质合金，硬度要达到 60HRC 左右。

（1）平面刮刀

平面刮刀用于刮削平面和刮花，有手握刮刀和挺刮刀。

手握刮刀刀体较短，刮削时由双手一前一后握持着推压前进，如图 2-6-1 所示。

挺刮刀一般有直头和弯头（见图 2-6-2）两种，具有较好的弹性，在刮削时随着运动的起伏会发生跳跃，因此切削效果很好。

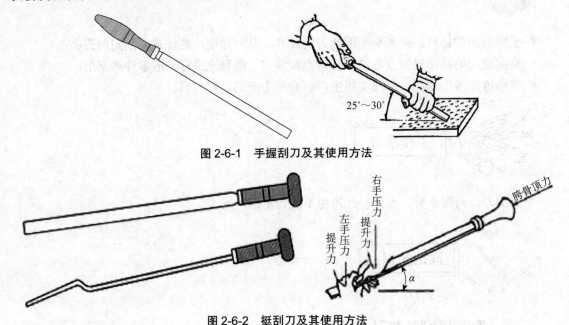

图 2-6-1　手握刮刀及其使用方法

图 2-6-2　挺刮刀及其使用方法

（2）曲面刮刀

曲面刮刀有三角刮刀、柳叶刮刀、蛇头刮刀等，顾名思义就是加工曲面用的刮刀，如图 2-6-3（a）、（b）、（c）所示。其使用方法如图 2-6-3（d）所示。

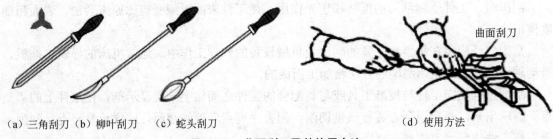

（a）三角刮刀　（b）柳叶刮刀　　（c）蛇头刮刀　　　　　　　　　　　（d）使用方法

图 2-6-3　曲面刮刀及其使用方法

三角刮刀可由三角锉刀改制或用工具钢锻制。一般三角刮刀有三个弧形刀刃和三条长的凹槽。

柳叶刮刀和蛇头刮刀由工具钢锻制成形，可利用两侧圆弧面刮削内曲面。

2．校准工具

校准工具又称研具，是用来推磨研点和检查被刮面准确性的工具。常用的研具有平板、直尺、角度直尺，以及根据被刮面形状设计制造的专用型板，如图 2-6-4 所示。

图 2-6-4　校准工具

### 3. 显示剂

工件与研具对研时，所加的涂料称为显示剂，种类有红丹粉和蓝油。红丹粉多用于钢件和铸铁工件等，蓝油多用于精密工件和有色金属等。刮研时显示剂可以涂在工件表面或研具上。

粗刮时显示剂可调得稀些，涂层可略厚些，以增加显点面积；精刮时显示剂应调得稠些，涂层薄而均匀，从而保证显点小而清晰。刮削临近符合要求时，显示剂涂层要更薄，把工件在刮削后剩余的显示剂涂抹均匀即可。显示剂在使用过程中应注意清洁，避免砂粒、铁屑和其他污物划伤工件表面。

### 4. 刮刀的刃磨

刮刀要先粗磨，经过热处理后再细磨和精磨，以平面直头刮刀为例介绍刮刀刃磨方法。

要想掌握刮刀刃磨方法，就要先了解刮刀的几何角度。

刮刀的几何角度根据每个刮削者的操作熟练程度和握持姿势，以及刮削平面的不同而改变；同时在刮削过程中，刀片与刀杆产生弹性变形，也会明显地改变它的角度。所以刮刀有一定的正确角度，但不是很严格。

平面刮刀的几何角度按粗刮、细刮和精刮的要求而定。三种刮刀头部的形状和角度 $\beta$ 如图 2-6-5 所示：粗刮刀头为 $90°\sim92°$，刀刃平直；细刮刀头为 $95°$ 左右，刀刃稍带圆弧；精刮刀头为 $97.5°$ 左右，刀刃带圆弧。刮削韧性材料的刮刀，可磨成锐角，但这种刮刀只适用于粗刮。

刮刀平面应平整光洁，刃口无缺陷。

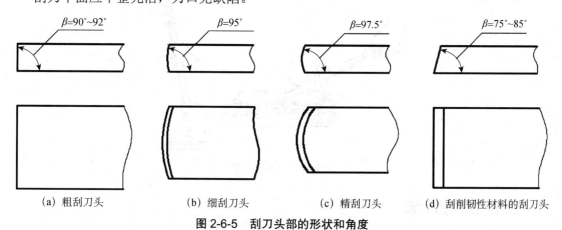

(a) 粗刮刀头　　　　(b) 细刮刀头　　　　(c) 精刮刀头　　　(d) 刮削韧性材料的刮刀头

图 2-6-5　刮刀头部的形状和角度

刮刀的粗磨是分别将刮刀两平面轻轻接触砂轮边缘，再慢慢平贴在砂轮侧面上，不断移动进行刃磨，要求刮刀两面平整，厚薄一致。

粗磨两平面后，再磨顶面。磨时先将刮刀倾斜一定角度与砂轮边缘轻轻接触，再慢慢转至水平，如直接按水平位置靠上砂轮，刮刀会颤抖不易磨削，甚至会出事故。要求刮刀端面与刀身中心线垂直，刮刀端面在砂轮缘上要平稳地左右移动，如图 2-6-6 所示。

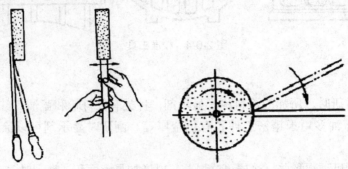

图 2-6-6 刮刀的修磨

将粗磨后的刮刀，放在炉火中缓慢加热到 780～800℃，加热长度为 25mm 左右，取出后迅速放入冷水中（或 10%的盐水中）冷却，浸入深度为 8～10mm。刮刀接触水面时做缓缓平移和间断上下移动，这样可使淬硬部分不留下明显界线。当刮刀露出水面部分呈黑色，由水中取出观察刃部颜色为白色时，迅速把整个刮刀浸入水中冷却，直到刮刀全部冷却后取出即可。热处理后刮刀切削部分硬度应在 60HRC 以上。

刮刀淬火时也可用油冷却，刀头不易产生裂纹，金属组织较细，容易刃磨。

热处理好的刮刀在细砂轮上进行细磨，使其基本符合刮刀形状和几何角度要求。细磨时，刮刀必须经常蘸水冷却，以免刃口退火变软。

最后在油石上加适量机油对刮刀进行精磨，先磨两平面，要求两平面平整光滑；之后左手扶住手柄，右手紧握刀身，使刮刀直立在油石上磨端面；刮刀要略微前倾（前倾角度根据刮刀 $\beta$ 角而定）地向前推移，拉回时刀身略微提起，以免磨损刃口。如此反复，直到切削部分形状和角度符合要求，且刃口锋利为止，如图 2-6-7 所示。

图 2-6-7 刮刀精磨

# 三、刮削方法

## 1. 手刮法

手刮法多用于曲面刮刀，平面刮刀多用于刮花和软材料的刮削。

平面刮刀手刮时右手如握锉刀的姿势，左手握住离刮刀头部约 50mm 处，刮刀与被刮削表面成 25°～30°角。同时，左脚前跨一步，上身随着往前倾斜，这样可以增加左手压力，容易看清刮刀前面点的情况。刮削时右手随着上身前倾，使刮刀向前推进，左手下压，落刀要轻，当推进到所需位置时，左手迅速提起，完成一个手刮动作，如图 2-6-1 所示。

曲面刮削一般是指内曲面刮削。其刮削的原理和平面刮削一样，只是刮削方法及所用的刀具不同。曲面刮削时，应该根据不同形状和不同的刮削要求，选择合适的刮刀和显点方法。一般以标准轴（也称工艺轴）或与其相配合的轴作为内曲面研点的校准工具。研合时将显示剂涂在轴的圆周上，使轴在曲面中旋转显示研点，然后根据研点进行刮削。刮削时右手握刀柄，左手掌心向下，四指横握刀身，大拇指抵住刀身，左、右手同时做圆弧运动，并顺曲面刮刀做后拉或前推的螺旋运动，刀迹与曲面轴线成 45°夹角，且交叉进行。

手刮法动作灵活，适应性强，适用于各种工作位置，对刮刀长度要求不太严格，姿势可合理掌握，但手刮较易疲劳，故不适用于加工余量较大的场合。

### 2. 挺刮法

挺刮是将平面刮刀刀柄放在小腹右下侧顶住胯骨，左手握住离刮刀头部约 80mm 处，右手握在左手后约 100mm 处，使平面刮刀与被刮表面形成一定的切削角度并对刀头施加压力，使平面刮刀刀刃吃紧平面。操作者通过胯骨和腰部给刀柄以推力，使刀刃切入金属表面并使刀刃在深入向前中切去研磨的黑点，然后将双手压力立即转换为提升力，把刀头快速提起离开工件表面。这样就完成了一次切削过程，并刮去了一层极薄的金属。

刮刀向前直推产生长方块、三角块，表面质量较差，适宜粗刮。直推加扭转的方法产生反 "6" 块、正 "6" 块，表面光滑，适宜细刮。左右扭转法产生正鳞块、反鳞块、燕翼块、燕身块等，表面呈细曲纹波形，表面质量好，适宜精刮或刮花，如图 2-6-8 所示。

刮削是合力作用的过程，操作熟练程度决定了刮削质量。挺刮法每刀切削量较大，适合大余量的刮削，工作效率较高，但腰部易疲劳。

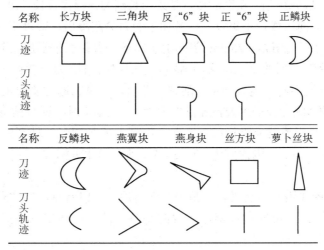

**图 2-6-8　刮刀刀迹图形**

# 四、黑点规律

校准工具（研具）与工件经过研磨以后，凸起部分的工件表面显示的全是黑点，黑点分亮点、浓黑点、淡黑点。

这些黑点在刮研中是一个变量，经过交替循环不断地刮研，黑点由稀少变稠密，由不均匀分布变为均匀分布。黑点的演变过程，也是表面光洁度、表面接触精度、表面几何精度逐步提高的过程。

对研磨显示出来的黑点要区分对待。在刮削中对黑点按亮、浓、淡在用力上应有轻重之分，对亮点、大浓黑点用力要大；对大多数的浓黑点用力要适中；对淡黑点，则保留不刮，待下轮显示后变黑时再刮。

经研磨显示后，第二遍以交错方向刮削将黑点全数刮完。必须指出，每轮刮削，刀迹必须交错，否则将影响表面光洁度。

必须强调指出，分布在平面边缘、角落的亮点，数量稀少，极易为人眼所忽略，极易漏刮。漏刮点在研磨时往往顶起校准工具，妨碍黑点的正常显示，会形成黑点越刮越少的现象。

 实训操作

## 1. 刮削的方法与步骤

在刮研全过程中，一般都要经历粗刮、细刮、精刮、刮花4个阶段。

① 粗刮：当工件表面比较粗糙，加工痕迹较深，表面严重生锈、不平或扭曲，刮削余量在 0.005mm 以上时，应先粗刮。粗刮的特点是采用长刮刀，行程较长（10～15mm），刀痕较宽（10mm），刮刀痕迹顺向，成片不重复。机械加工的刀痕刮除后，即可研点，并按显出的高点刮削。当工件表面研点每 25mm×25mm 范围内为 4～6 个并留有细刮加工余量时，可开始细刮。

② 细刮：就是将粗刮后的高点刮去。其特点是采用短刮法（刀痕宽约 6mm，长 5～10mm），研点分散快。细刮时要朝着一定方向刮，刮完一遍后，刮第二遍时要成 45° 或 60° 方向交叉，刮出网纹。当研点平均每 25mm×25mm 范围内为 10～14 个时，即可结束细刮。

③ 精刮：在细刮的基础上进行精刮，采用小刮刀或带圆弧的精刮刀，刀痕宽约 4mm，研点平均每 25mm×25mm 范围内应为 20～25 个，常用于检验工具、精密导轨和精密工具接触面的刮削。

④ 刮花：刮花的作用一是美观，二是积存润滑油。一般常见的花纹有斜花纹、燕形花纹和鱼鳞花纹等。另外，还可通过观察原花纹的完整和消失的情况来判断平面工作后的磨损程度。

## 2. 刮刀刃磨练习

刃磨步骤：

① 将锻打后的刮刀在砂轮上磨去锐棱与锋口。

② 在砂轮上粗磨刮刀平面和顶端面。

③ 热处理淬火。

④ 在砂轮上细磨刮刀平面和顶端面。

⑤ 在油石上精磨平面和顶端面。

⑥ 试刮工件，如刮出的工件表面有丝纹、不光洁，应重新修磨。

注意事项：

① 在粗磨平面时，必须使刮刀平面稳固地贴在砂轮的侧面，每次磨削应均匀一致，否则磨出的平面不平，以致多次刃磨，将刮刀磨薄。

② 淬火温度是通过刮刀加热时的颜色来控制的，因此要掌握好樱红色的特征。加热温度太低，刮刀不能淬硬；加热温度太高，会使金属内部组织的晶粒变得粗大，刮削时易出现丝纹。

③ 刃磨刮刀平面与端面的油石，应分开使用，刃磨时不可将油石磨出凹槽，其表面不应有铁屑等杂质。

### 3. 刮削操作练习

加工步骤：

按图纸（见图 2-6-9）要求以基准面 B 为基准刮削，尺寸要求 18±0.018mm，平面度小于 0.03mm，对 B 面的平行度小于 0.033mm，每平方英寸内的研点达到 6～10 个，表面粗糙度值为 Ra1.6μm。

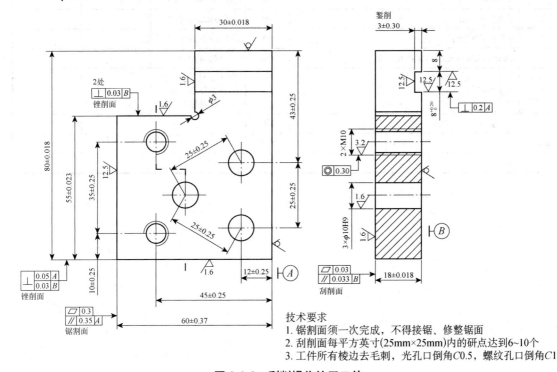

**图 2-6-9　刮削操作练习工件**

技术要求
1. 锯割面须一次完成，不得接锯、修整锯面
2. 刮削面每平方英寸(25mm×25mm)内的研点达到6～10个
3. 工件所有棱边去毛刺，光孔口倒角C0.5，螺纹孔口倒角C1

### 4. 刮削注意事项

① 刮削姿势正确，落刀和起刀正确合理，这是本任务的重点，必须严格训练。

② 要重视刮刀的修磨，正确刃磨刮刀，是提高刮削速度和保证精度的基本条件。

③ 涂色研点时，校准工具必须放置稳定，施力要均匀，以保证研点显示真实。工件表面必须保持清洁，防止校准工具表面划伤拉毛。

④ 粗刮是为了获得工件初步的形位精度，一般刮去较多的金属，所以刮削要有力，每刀的刮削量要大；而细刮和精刮是为了表面的光整和点数，所以必须挑点准确，每个研点只刮一刀，逐步提高刮点的准确性，刀迹要细小而光整。

⑤ 在刮削中要勤于思考、善于分析，随时掌握工件的实际误差情况，并选择适当的部位进行刮削修整，以最少的加工量和刮削时间达到技术要求。

评分标准

刮削的评分标准见表 2-6-1。

表 2-6-1 刮削的评分标准

| 实训项目 | | | 刮削 | | | |
|---|---|---|---|---|---|---|
| 序号 | 检测内容 | 配分 | 评分标准 | 学生自评 | 教师评分 |
| 1 | 18±0.018mm 尺寸 | 20 | 超差 0.05mm 扣 5 分 | | |
| 2 | 平面度 0.03mm | 10 | 超差 0.02mm 扣 5 分 | | |
| 3 | 平行度 0.033mm | 10 | 超差 0.02mm 扣 5 分 | | |
| 4 | 25mm×25mm 范围内研点 6～10 个 | 50 | 酌情扣分 | | |
| 5 | 现场考核 | 10 | 安全文明生产 4 分<br>设备使用 3 分<br>工、量具使用 3 分 | | |
| 综合得分 | | 100 | | | |
| 系部 | | 班级 | | 姓名 | | 学号 | |
| 教师评语 | | | | | | |

# 实训项目三——装配

根据规定的技术要求，将零件或部件进行配合和连接，使之成为半成品或成品的过程，称为装配。装配是机器制造过程中最后一个环节，它包括安装、调整、检验和试验等工作。装配过程使零件、套件、组件和部件间获得一定的相互位置关系，所以装配过程也是一种工艺过程。

**知识与技能目标**

* 了解装配工作的主要内容和装配工艺规程；
* 掌握典型机构的装配方法；
* 掌握钳工工作的各项安全操作规程。

**工作准备**

三级减速机、游标卡尺、千分尺、内卡钳、外卡钳、活扳手、百分表、钢尺、塞尺、铅丝、铜棒、内六角扳手、红丹粉等。

**理论知识**

# 一、装配的概念及过程

## 1. 装配的概念

机械装配是机械制造中最后决定机械产品质量的重要工艺过程。即使是全部合格的零件，如果装配不当，也不能形成质量合格的产品。简单的产品可由零件直接装配而成。复杂的产品则须先将若干零件装配成部件，称为部件装配；然后将若干部件和另外一些零件装配成完整的产品，称为总装配。产品装配完成后需要进行各种检验和试验，以保证其装配质量和使用性能；有些重要的部件装配完成后还要进行测试。

装配是机器制造中的最后一道工序，因此它是保证机器（产品）达到各项技术要求的关键。装配工作的好坏，对产品的质量起着重要的作用。

## 2. 装配工作的重要性

① 装配是产品制造过程中最后一道工序，装配工作的好坏对整个产品的质量起决定性的作用。

② 零件之间的配合不符合规定的技术要求，机器就不可能正常工作。

③ 零部件之间、机构之间的相互位置不正确，不仅影响机器的性能，甚至使机器无法

工作。

因此，在装配工作过程中要做到重视零件清洁，不许乱敲乱打，要按工艺要求进行装配。

3. 装配工艺过程

产品的装配工艺包括以下四个过程。

（1）装配前的准备工作

① 熟悉产品装配图、工艺文件和技术要求，了解产品的结构、零件的作用以及相互连接的关系。

② 确定装配方法、顺序和准备所需要的工具。

③ 对装配的零件进行清洗，去掉零件上的毛刺、铁锈、切屑和油污。

（2）装配工作

① 部件装配是指产品进入总装之前的装配工作。凡是将两个以上的零件组合在一起或将零件与几个组件结合在一起，成为一个装配单元的工作，均称为部件装配。

② 总装配指将零件和部件组合成一个完整产品的过程。

（3）调整、精度检验和试车

① 调整工作是指调节零件和机构的相互位置、配合间隙、结合程度等，目的是让机构和机器工作协调。

② 精度检验包括几何精度检验和工作精度检验等。

③ 试车是试验机构或机器运转的灵活性、振动、工作升温、噪声、转数、功率等性能参数是否符合要求。

（4）喷漆、涂油和装箱

这是为了使机器美观、防锈和便于运输。

# 二、装配工艺规程

装配工艺规程是指导装配生产的主要技术文件，制定装配工艺规程是生产技术准备的一项重要工作。

1. 装配工艺规程的主要内容

① 分析产品图样，划分装配单元，确定装配方法。

② 拟定装配顺序，划分装配工序。

③ 计算装配时间定额。

④ 确定各工序装配技术要求、质量检查方法和检查工具。

⑤ 确定装配时零部件的输送方法及所需要的设备与工具。

⑥ 选择和设计装配过程中所需的工具、夹具及专用设备。

2. 制定装配工艺规程的基本原则

① 保证产品的装配质量，以延长产品的使用寿命。

② 合理安排装配顺序和工序，尽量减少钳工手工劳动量，缩短装配周期，提高装配效率。

③ 尽量减少装配占地面积。

④ 尽量减少装配工作的成本。

### 3. 制定装配工艺规程的步骤

（1）研究产品的装配图及验收技术条件

① 审核产品图样的完整性、正确性。

② 分析产品的结构工艺性。

③ 审核产品装配的技术要求和验收标准。

④ 分析和计算产品装配尺寸链。

（2）确定装配方法与组织形式

① 装配方法的确定：主要取决于产品结构的尺寸和质量，以及产品的生产纲领。

② 装配组织形式如下。

● 固定式装配：全部装配工作在一固定的地点完成，适用于单件小批生产和体积、质量大的设备的装配。

● 移动式装配：将零部件按装配顺序从一个装配地点移动到下一个装配地点，分别完成一部分装配工作，各装配点工作的总和就是整个产品的全部装配工作，适用于大批量生产。移动式装配可分为断续式装配和连续式装配。

（3）划分装配单元，确定装配顺序

① 将产品划分为套件、组件和部件等装配单元，进行分级装配。

② 确定装配单元的基准零件。

③ 根据基准零件确定装配单元的装配顺序。图 3-1-1 和图 3-1-2 分别是部件和产品装配系统图。

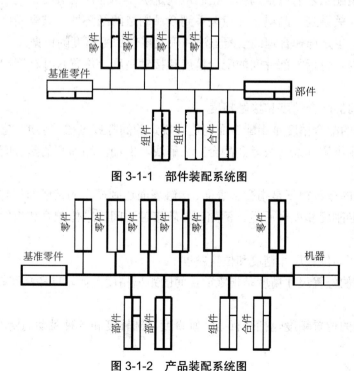

图 3-1-1　部件装配系统图

图 3-1-2　产品装配系统图

（4）划分装配工序

① 划分装配工序，确定工序内容（如清洗、刮削、平衡、过盈连接、螺纹连接、校正、检验、试运转、油漆、包装等）。

② 确定各工序所需的设备和工具。

③ 制定各工序装配操作规范，如过盈配合的压入力等。

④ 制定各工序装配质量要求与检验方法。

⑤ 确定各工序的时间定额，平衡各工序的工作节拍。

（5）编制装配工艺文件

单件小批生产时，通常只绘制装配系统图，装配时按部件装配系统图及产品装配系统图工作。成批生产时，通常还制定部件、总装的装配工艺卡，写明工序次序、简要工序内容、设备名称、工装夹具名称及编号、工人技术等级要求和时间定额等项。

（6）制定产品检验与试验规范

① 检测和试验的项目及检验质量指标。

② 检测和试验的方法、条件与环境要求。

③ 检测和试验所需工艺装备的选择与设计。

④ 质量问题的分析方法和处理措施。

# 三、装配精度与装配尺寸链

## 1. 装配精度

装配精度是装配工艺的质量指标。正确地规定机器和部件的装配精度是产品设计的重要环节之一，它不仅关系到产品质量，也关系到产品制造的经济性。装配精度是制定装配工艺规程的主要依据，也是选择合理的装配方法和确定零件加工精度的依据。

装配精度的内容包括零部件间的配合精度和接触精度、位置尺寸精度和位置精度、相对运动精度等。

（1）零部件间的配合精度和接触精度

① 零部件间的配合精度是指配合面间达到规定的间隙或过盈的要求。它关系到配合性质和配合质量，已由国家标准《公差和配合》来解决。例如，轴和孔的配合间隙或配合过盈的变化范围。

② 零部件间的接触精度是指配合表面、接触表面达到规定的接触面积与接触点分布的情况。它关系到接触刚度和配合质量。例如，导轨接触面间、锥体配合和齿轮啮合等处，均有接触精度要求。

（2）零部件间的位置尺寸精度和位置精度

① 零部件间的位置尺寸精度是指零部件间的距离精度，如轴向距离和轴线距离（中心）精度等。

② 零部件间的位置精度包括平行度、垂直度、圆轴度和各种跳动的精度。

（3）零部件间的相对运动精度

这是指有相对运动的零部件间在运动方向和运动位置上的精度。其中运动方向上的精度包括零部件间相对运动时的直线度、平行度和垂直度等；而运动位置上的精度（即传动精度）是指内联系传动链中，始末两端传动元件间相对运动精度。

（4）装配精度与零件精度间的关系

零件的精度特别是关键零件的加工精度对装配精度有很大影响，而且装配精度与它相关的若干个零部件的加工精度有关。因此，要合理地规定和控制这些相关零件的加工精度，使得在加工条件允许时，它们的加工误差累计起来仍能满足装配精度的要求。这样做既能保证装配精度要求，又能简化装配工作，这对于大批量生产是很有必要的。

有时单靠相关零件的加工精度来保证要求较高的装配精度，会使零件的加工精度显著提高并给零件的加工带来较大困难。此时，应根据尺寸链的理论，建立装配尺寸链，从而按较经济的精度加工相关零部件，通过采取一系列的工艺措施（如选择、修配和调整等），形成不同的装配方法来保证装配精度。

2. 装配尺寸链

（1）装配尺寸链的定义

在机器的装配关系中，由相关零件的尺寸或相互位置关系所组成的一个封闭的尺寸系统，称为装配尺寸链。

装配精度是由相关零件的加工精度和合理的装配方法共同保证的。因此，如何查找哪些零件对某装配精度有影响，进而选择合理的装配方法和确定这些零件的加工精度，就成了机械制造和机械设计工作中的重要课题。为了正确和定量地解决上述问题，需要将尺寸链基本理论应用到装配中，即要建立装配尺寸链和计算求解尺寸链。

（2）装配尺寸链的分类

① 直线尺寸链：由长度尺寸组成，且各环尺寸相互平行的装配尺寸链。

② 角度尺寸链：由角度、平行度、垂直度等组成的装配尺寸链。

③ 平面尺寸链：由成角度关系布置的长度尺寸构成的装配尺寸链。

（3）装配尺寸链的建立方法

在装配尺寸链的研究分析中，建立装配尺寸链是十分关键的内容。只有建立的装配尺寸链是正确的，计算求解装配尺寸链才有意义。建立装配尺寸链是在完整的装配图或示意图上进行的。装配精度和相关零件精度之间的关系构成装配尺寸链。显然，最后形成的封闭环是装配精度，相关零件的设计尺寸是组成环。建立装配尺寸链就是根据封闭环——装配精度，查找组成环——相关零件设计尺寸，并画出尺寸链图，判别组成环的性质（判别增、减环）。

在装配关系中，对装配精度有直接影响的零部件的尺寸和位置关系，都是装配尺寸链的组成环。如同工艺尺寸链一样，装配尺寸链的组成环也分为增环和减环。

① 确定装配结构中的封闭环。

② 确定组成环：从封闭环的一端出发，按顺序逐步追踪有关零件的有关尺寸，直至封闭环的另一端为止，而形成一个封闭的尺寸系统，即构成一个装配尺寸链。

③ 装配尺寸链的计算：主要有两种计算方法，即极值法和统计法。

装配方法与装配尺寸链的计算方法密切相关。同一项装配精度，采用不同的装配方法时，其装配尺寸链的计算方法也不相同。

装配尺寸链的计算可分为正计算和反计算两种。已知与装配精度有关的相关零部件的基本尺寸及其偏差，求解装配精度要求（封闭环）的基本尺寸及偏差的计算过程称为正计算，它用于对已设计的图样进行校核验算。已知装配精度要求（封闭环）的基本尺寸及偏差，求解与该项装配精度有关的各零部件基本尺寸及偏差的计算过程称为反计算，它主要用于产品设计过程，以确定各零部件的尺寸和加工精度。

（4）装配尺寸链的查找

正确地查明装配尺寸链的组成并建立尺寸链是进行尺寸链计算的基础。

① 装配尺寸链的查找方法。

首先根据装配精度要求确定封闭环，再取封闭环两端的任一个零件为起点，沿装配精度要求的位置方向，以装配基准面为查找的线索，分别找出影响装配精度要求的相关零件（组成环），直至找到同一基准零件，甚至同一基准表面为止。

② 查找装配尺寸链应注意的问题。

装配尺寸链应进行必要的简化。机械产品的结构通常都比较复杂，对装配精度有影响的因素很多，在查找尺寸链时，可不考虑那些影响较小的因素，使装配尺寸链适当简化。

由尺寸链的基本理论可知，在装配精度既定的条件下，组成环数越少，则各组成环分配到的公差值就越大，零件加工越容易、越经济。因此，在设计产品结构时，在满足产品工作性能的条件下，应尽量简化产品结构，使影响产品装配精度的零件数尽量减少。

在查找装配尺寸链时，每个相关的零部件只应有一个尺寸作为组成环列入装配尺寸链，即将连接两个装配基准面间的位置尺寸直接标注在零件图上。这样组成环的数目就等于有关零部件的数目，即"一件一环"，这就是装配尺寸链的最短路线（环数最少）原则。

装配尺寸链的"方向性"，即在同一装配结构中，在不同位置方向都有装配精度要求时，应按不同方向分别建立装配尺寸链。

## 四、装配方法

装配方法是指达到零件或部件最终配合精度的方法。为了保证机器的工作性能，在装配时必须保证零件之间、部件之间要达到规定的配合要求。根据产品的结构和生产的条件及生产批量的大小，采用的装配方法也不相同。装配方法可分为完全互换法、选配法、修配法、调整法。

### 1. 完全互换法

完全互换法是指在同类零件中任取一件，就可以装配成符合要求的机器或产品的装配方法。装配精度是由零件本身的精度来保证的。

完全互换法的特点：

① 装配操作简单，容易掌握，生产效率高。

② 便于组织流水作业。

③ 零件更换方便。

2. 选配法

选配法也称分组装配法，是把尺寸相当的零件进行装配，来保证配合精度。在装配前，把零件按尺寸分组，然后将相对应的各组零件进行装配。

选配法的特点：

① 经过分组后零件的配合精度高。

② 增加了对零件的测量与分组工作，并需要对零件进行分类保存管理。

3. 修配法

在装配过程中，通过修去某配合件上的预留量来消除积累误差，使配合零件达到规定的装配精度。

修配法的特点：

① 提高装配精度，适当降低零件精度。

② 适用于单件小批量生产。

4. 调整法

装配时，通过调整一个或几个零件的位置来消除零件之间的积累误差，达到装配的要求。

调整法的特点：

① 提高装配精度，可定期调整，容易操作。

② 调整件易使配合副的刚度受到影响。

5. 装配顺序

装配顺序的原则：先下后上，先里后外，先重后轻，先难后易，先精密后一般，有冲击、须加压、须加热的先装配，易燃、易爆、易碎的后装配，后装配的不能影响先装配的。

# 五、典型机构的装配

1. 螺纹连接

螺纹连接是一种广泛使用的可拆卸的固定连接，具有结构简单、连接可靠、装拆方便等优点。

螺纹连接要达到紧固而可靠的目的，必须保证螺纹副具有一定的摩擦力矩。摩擦力矩是由连接时施加拧紧力矩后，螺纹副产生预紧力而获得的。一般的紧固螺纹连接，在无具体的拧紧要求时，采用一定长度的普通扳手按经验拧紧即可。

1）装配螺纹常用的工具

由于螺纹连接的种类很多，所以，装配工具也有各种不同的形式，必须根据生产需要，进行合理的选择。

（1）旋具（起子、螺丝刀）

它用来旋紧（或松开）头部带沟槽的螺钉，一般是用碳素工具钢制成的。起子的种类很多，可根据工作情况的不同来选用。

标准起子如图 3-1-3（a）所示，又称一字起子，根据工作情况的不同，它又有不同的规格。使用起子时，要注意刀口的宽度和厚度必须与螺钉头上沟槽的长度和宽度相符。不能把起子当撬棒或錾子用。

十字起子如图 3-1-3（b）所示，头部是十字交叉形状，根据工作情况的不同，它又有不同的规格。

根据使用情况不同，还有弯头起子、快速起子、限力起子、丁字起子和机械化起子等。

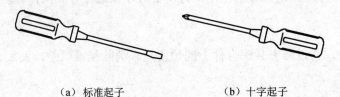

（a）标准起子　　　　　　　　　　　　　（b）十字起子

**图 3-1-3　旋具（起子、螺丝刀）**

（2）扳手

它是用来旋紧六角形、方形螺钉和各种螺母的工具。扳手用工具钢、合金钢或可锻铸铁制成。它的开口处要求光洁和坚硬耐磨。

固定扳手：主要用来装卸方形和六角形螺母或螺钉，有开口扳手和整体扳手。除了单头和双头扳手之外，还有方形扳手、六角扳手和梅花扳手，如图 3-1-4 所示。扳手的规格以扳手的长度和开口大小来决定，使用时必须严格符合螺钉或螺母的尺寸，以保证旋紧力适当和避免损伤螺钉或螺母的棱角或使扳手打滑。

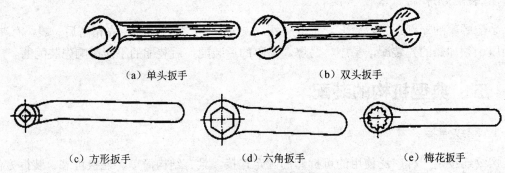

（a）单头扳手　　　　　　　　　　　　　　（b）双头扳手

（c）方形扳手　　　　　　（d）六角扳手　　　　　　（e）梅花扳手

**图 3-1-4　开口扳手和整体扳手**

用得最广泛的是十二角形梅花扳手，它只要转过 30°就能调换方向，所以容易在狭窄的地方工作。整体扳手比开口扳手强度高，因为它受力的面积大，使用比较广泛。

活络扳手：工作中经常需要很多不同尺寸的扳手，扳手太多时，保存和使用都不方便，故常采用活络扳手，如图 3-1-5 所示。活络扳手开口的尺寸能在一定范围内调节，它的规格很多，按长度有 100 mm、150 mm、200 mm、250 mm、300 mm、350 mm、400 mm、450 mm 等几种；按开口的最大尺寸有 14 mm、19 mm、30 mm、36 mm、41 mm、46 mm、50mm 等几种；工厂中习惯用英寸叫法，如 3″、4″、6″、8″、10″、12″、14″、18″等活络扳手。

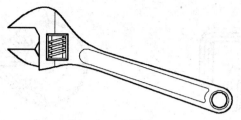

**图 3-1-5　活络扳手**

活络扳手使用时应让固定钳口受主要作用力，如图 3-1-6 所示，否则会损坏扳手。开口的尺寸应适合螺钉或螺母的尺寸，否则会扳坏。不同规格的螺钉或螺母应选用不同规格的活络扳手。活络扳手的使用效率不高、操作不够精确，活动钳口容易歪斜，往往会损坏螺钉或螺母，除修理时应用外，一般最好不选用它。

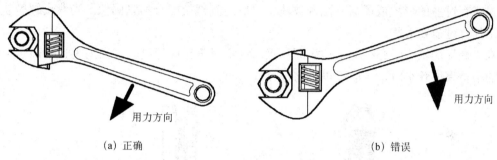

（a）正确　　　　　　　　　　　　　　　（b）错误

**图 3-1-6　活络扳手的使用**

套筒扳手：在螺钉或螺母用普通扳手无法装拆或为了节省装拆时间时采用套筒扳手，如图 3-1-7 所示。它由一套尺寸不等的梅花套筒扳手组成，并配有弓形手柄、棘轮手柄、万向活动手柄等。

锁紧扳手：钩头锁紧扳手，用来锁紧边侧开槽的圆螺母，如图 3-1-8（a）所示；U 形或冕形锁紧扳手，用来锁紧在平面开槽或钻孔的螺母，如图 3-1-8（b）、（c）所示；销头锁紧扳手，用于锁紧在圆柱上钻孔的螺母，如图 3-1-8（d）所示。

内六角扳手：内六角扳手如图 3-1-9 所示，用于旋紧内六角螺钉。此种扳手是成套的，可旋紧或旋出 M3～M24 的内角螺钉。根据螺钉规格可采用不同的内六角扳手。

棘轮扳手：棘轮扳手如图 3-1-10 所示，用于在狭窄的地方装卸螺钉或螺母。这种扳手只要摆动的角度不小于 20°时，就能旋紧螺钉或螺母。当需要用扳手松开螺钉或螺母时，可以把它翻转过来，用另一面进行工作。

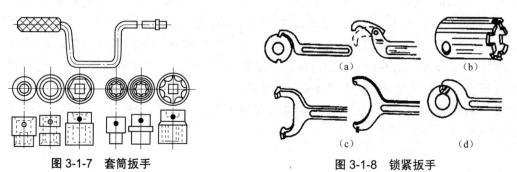

（a）　　　　　　　（b）

（c）　　　　　　　（d）

**图 3-1-7　套筒扳手**　　　　　　　**图 3-1-8　锁紧扳手**

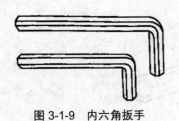

图 3-1-9　内六角扳手

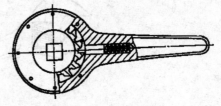

图 3-1-10　棘轮扳手

2）装配工艺

（1）双头螺栓的装配

双头螺栓装配时，要保证双头螺栓的紧固端与机体螺纹配合的紧密性，而不致在装拆螺母的过程中双头螺栓有任何松动的现象。因此，双头螺栓的紧固端应当采用螺纹中径有台肩的形式或有过盈的形式或最后几圈螺纹浅些，以达到螺纹配合的紧固性。当双头螺栓装入软材料工件时过盈要大些。

双头螺栓的轴心线必须与机体表面垂直，通常用角尺进行检验，如图 3-1-11 所示。螺栓轴线的不垂直度较小时，一般可以把它敲正。

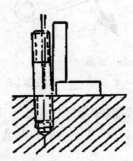

图 3-1-11　双头螺栓的应用和轴心线检验

（2）螺钉或螺母的装配

在装配螺钉或螺母的时候，要保证它们连接得紧固有力，不会松动。拆卸的时候，要求零件完整无损。为此，掌握旋紧螺纹的要点是很重要的。对正确使用旋紧（或回松）螺纹用的工具也不能忽视。

螺钉或螺母与零件贴合的表面应光洁、平整，贴合处的表面应当经过加工，否则容易松动或使螺钉弯曲。接触的表面应当清洁，螺钉、螺母应当在机油中洗净，螺孔内的脏物应当用压缩空气吹净。为防止螺钉或螺母回松，必须采取保险装置。保险装置有以下几种：

① 将开口销插入螺钉孔内，使螺母自动回松不超过一定的限度，如图 3-1-12（a）所示。

② 对成对或成组的螺钉和螺母，可以用钢丝穿过螺钉头互相绑住，以防止回松，如图 3-1-12（b）所示。用钢丝绑住的时候，必须用钢丝钳或尖头钳拉紧钢丝，钢丝旋转的方向必须与螺纹旋转方向相同，使螺钉或螺母不松动。

③ 用弹簧垫圈制止螺纹回松。这种防松装置可靠，应用较普遍，如图 3-1-12（c）所示。

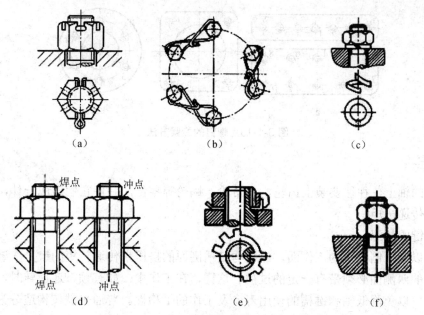

（a）　　　　　　　（b）　　　　　　　（c）

焊点　　　冲点

焊点　　　冲点

（d）　　　　　　　（e）　　　　　　　（f）

**图 3-1-12　防止螺钉或螺母回松的保险装置**

④ 用点铆的办法制止螺纹回松。这种方法用在不常拆卸的螺钉上，如图 3-1-12（d）所示。

⑤ 用保险垫圈防止螺纹回松，如图 3-1-12（e）所示。使用带翅垫圈时，必须把内、外翅插入槽内。

⑥ 用止动螺钉来制止螺纹回松。

⑦ 螺母锁紧，如图 3-1-12（f）所示。它是依靠两螺母端面上所产生的摩擦力来防松的。

螺钉的旋紧程度和次序，对装配工作的精度和机器的寿命有很大影响。因此，必须采用正确的旋紧方法。

下面举几个常见的例子分别说明。

① 条形工件，如图 3-1-13（a）所示。螺钉的数量很多时，先分别将螺钉旋到靠近工件处，但不要加力；然后，按图示的顺序依次旋到旋紧程度的 1/3 左右；再按上述次序旋到 2/3 左右；最后，按相同的次序全部旋紧。这样做能使全部螺钉旋紧程度一致，被连接的工件不会变形。

② 方形工件，如图 3-1-13（b）所示。分布在四角上的螺钉，应该对称交叉旋紧，也就是先把 1 和 2 旋紧，再分别旋紧 3 和 4，然后再按同一次序旋紧。

③ 圆形工件，如图 3-1-13（c）所示。与方形工件旋法相同。旋紧螺纹时，松紧程度必须合适。旋紧力太大时，会出现螺钉拉长或断裂、螺纹拉坏或滑牙、机件变形等现象，从而使螺钉在工作过程中发生断裂，甚至可能引起严重事故。旋紧力太小时，则不能保证机器工作时的可靠性和准确性，并容易产生回松现象。

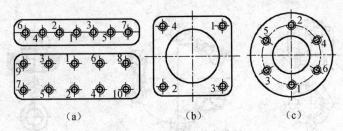

图 3-1-13　螺钉的旋紧方法

## 2. 键连接

在机器的轴上，往往要装上齿轮、皮带轮、蜗轮等零件，并使它们连成一体，这时就采用键连接来传递扭矩。

（1）平键的装配

平键是以两个侧面作为工作面，靠键与键槽侧面的挤压来传递转矩的键。在装配时，它与轴上键槽的两侧面必须带有一定的过盈。这样，在工作中，如有顺、逆旋转时，键不会产生松动现象，以免降低轴和键槽的使用寿命及工作的平稳性。普通平键按构造分为三种，即圆头（A型）、平头（B型）及单圆头（C型），如图 3-1-14 所示。

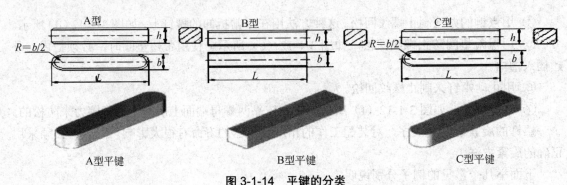

图 3-1-14　平键的分类

平键的装配方法如下：

① 清除键槽的锐边，以防装配时过紧。

② 修配键与槽的配合精度及键的长度。

③ 修锉键的圆头（一般键在轴端部为平头，装在轴中间的键为半圆头）。

④ 键安装于轴的键槽中必须与槽底接触，一般采用虎钳夹紧（必须在虎钳与键平面之间垫上铜皮）或敲击等方法。

⑤ 轮毂上的键槽与键配合过紧时，可修整轮毂的键槽，但不允许松动。

（2）滑键和导键的装配

滑键和导键不仅带动轮毂旋转，还须使轮毂沿轴线方向来回移动。故装配时，键与键槽（键座）宽度的配合必须是间隙配合，而键与非滑动件（轴）的键座（或键槽）两侧面必须采用过盈配合，没有松动现象。有时为防止键因振动而松动，须用埋头螺钉把键固定。这样，才能保证滑动件在工作时正常滑动。

（3）斜键（楔形键）的装配

斜键形状与平键相似，但在顶面有斜度。斜键有头，主要是为了便于拆卸，如图3-1-15所示。斜键的顶面亦与键槽的顶面接触，能承受振动和一定的轴向力。键槽的斜度与键的斜度一致，一般是1：100。

装配方法如下：

① 清除键槽锐边。

② 修配键与槽的配合精度，然后把轮毂套在轴上。

③ 使轴与轮毂键槽对正，在斜键的斜面涂色来检查斜度正确与否，用刮削法进行修整，使键和轮毂键槽紧密贴合，并使接触长度符合要求。

④ 清洗斜键及键槽等，给斜键上油后将其敲入键槽中。

（4）半圆键的装配

如图3-1-16所示，半圆键一般用在直径较小的轴或锥形轴上，以传递不大的动力，如机床手轮和轴配合等。这种键的装配方法与平键相同，但键在键槽中可以滑动，能自动适应轮毂中的斜度。

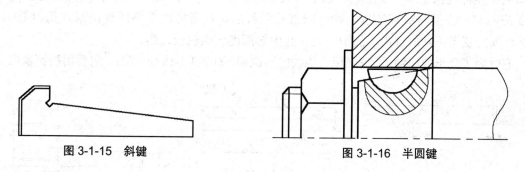

图3-1-15　斜键　　　　　　　　　图3-1-16　半圆键

（5）花键的装配

当需要传递较大动力时，就要采用花键。花键轴与花键孔（见图3-1-17）多为滑动配合，故属于滑键形式。

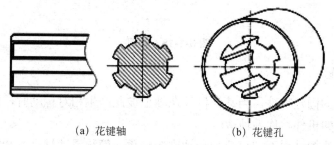

（a）花键轴　　　　（b）花键孔

图3-1-17　花键

花键轴在加工出外形后，一般外圆经过磨削，花键孔是拉出来的。因此，花键轴与花键孔配合比较准确。在装配前必须清理花键轴和孔上凸起处的毛刺和锐边，以防装配时产生拉毛、咬住现象。然后，把孔套在轴上，并根据涂色的情况来修正它们之间的配合，直到花键孔在轴上能够自由滑动为止。

### 3. 销连接

销连接是用销钉把机件连接在一起，使它们之间不能互相转动或移动。连接所用的销子，有圆柱销和圆锥销两种。圆锥销的锥度为 1：50。按连接的用途，销子又可分成紧固销和定位销。除某些定位销外，销与销孔都依靠过盈配合达到紧固连接。

（1）圆柱销的装配

圆柱销［见图3-1-18（a）］全靠配合时的过盈，故一经拆卸失去过盈就必须调换。为了保证销子与销孔的过盈量，要求销子和销孔表面粗糙度值较小。通常两零件的销孔必须同时钻出，并同时铰孔，以保证两零件销孔的重合性、销孔的尺寸及较小的表面粗糙度值。

装配时，在销子上涂油，用铜棒垫在销子端面上，把销子打入孔中。对某些定位销，不能用打入法，可用 C 形夹头把销子压入孔内。压入法比打入法好，销子不会变形，工件间不会移动。

（2）圆锥销的装配

圆锥销［见图3-1-18（b）］大部分是定位销，它的优点是装拆方便，可在一个孔内装拆几次而不损坏连接质量。装配后，销子的大端应稍露出零件的表面，或与零件的表面平齐；小头应与零件表面平齐或缩进一些。圆锥孔铰好后，如果能用手将圆锥销塞入孔内 80%～85%，则能获得正常的过盈，而销子装入孔中的深度一般也较适当。

有时为了便于取出销子，可采用带螺纹的圆锥销，如图3-1-18（c）所示。它要用拔销器取出。

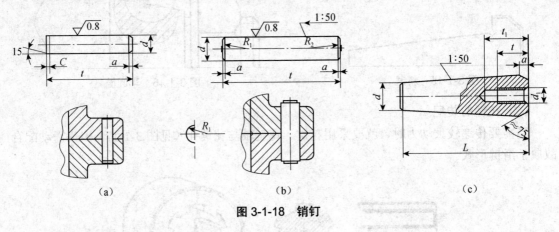

（a）　　　　　　　　　　（b）　　　　　　　　　　（c）

**图 3-1-18　销钉**

### 4. 轴承的装配

轴承是机械中的固定机件。当其他机件在轴上彼此产生相对运动时，用来保持轴的中心位置及控制该运动的机件，称为轴承。

按轴承工作的摩擦性质不同可分为滑动摩擦轴承（简称滑动轴承）和滚动摩擦轴承（简称滚动轴承）两大类。

（1）轴承的代号

轴承代号表征轴承的结构、尺寸、类型、精度等，代号由国家标准 GB/T 272—1993 规定，由前置代号、基本代号和后置代号组成。

一般情况下，轴承代号只用基本代号表示。基本代号一般包含三部分：类型代号、尺寸代号和内径代号。后置代号用字母和数字等表示轴承的结构、公差及材料的特殊要求等。

前置代号——表示轴承的分部件。

基本代号——表示轴承的类型与尺寸等主要特征。

后置代号——表示轴承的精度与材料的特征。

（2）滚动轴承的构造

滚动轴承是机器中不可缺少的组成部分，应用比较广泛。这里主要介绍滚动轴承在装配时应注意的事项。

滚动轴承通常由外圈、内圈、滚动体和保持架等组成，如图 3-1-19 所示。

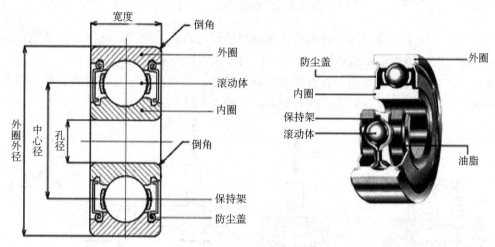

图 3-1-19　滚动轴承的构造

内圈的外面和外圈的里面都有供滚动体做滚动的滚道。内圈和轴颈配合，外圈和轴承座或机座配合。通常是内圈随轴颈旋转，外圈不转，也可以是外圈旋转而内圈不转。滚动体有短圆柱滚子、滚针、圆锥滚子和球面滚子等。

制造内、外圈和滚动体的主要材料是轴承钢（GCr6、GCr9、GCr15），热处理后硬度一般不低于 60HRC，工作面经过磨削和抛光。保持架常用软钢、铜合金或塑料制成。

轴承的密封可分为自带密封和外加密封两类。所谓轴承自带密封，就是轴承本身自带具有密封性能的装置，如加防尘盖、密封圈等。

（3）滚动轴承的装配

按滚动体的形状可分为球轴承、滚子轴承和滚针轴承等。按承受载荷的方向，可分为：径向滚动轴承（向心轴承），主要承受径向载荷；径向止推轴承（向心推力轴承），可同时承受径向和轴向载荷；推力轴承，只承受轴向载荷，如图 3-1-20 所示。

滚动轴承的装配，主要是指滚动轴承内圈与轴、外圈与轴承座的孔的配合。配合应根据轴承的类型、尺寸，载荷的大小和方向、性质等决定。轴承与轴的配合按基孔制，与轴承座的配合按基轴制。转动的圈（内圈或外圈）一般采用过盈不大的过渡配合；固定的圈常采用过盈较小或有间隙的过渡配合或间隙配合。

由于径向滚动轴承的内、外圈都比较薄，装配时容易变形，因此，在装配前，必须测量轴和轴承座孔的尺寸，随时掌握它们的配合情况，避免装配得过紧。

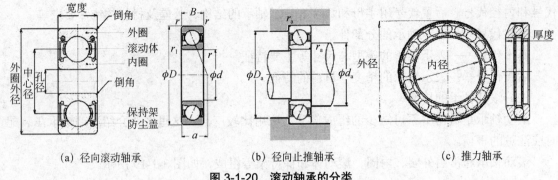

（a）径向滚动轴承　　　（b）径向止推轴承　　　（c）推力轴承

**图 3-1-20　滚动轴承的分类**

装配前先将轴承、轴和轴承外圈的孔用清洁的煤油或汽油洗净。洗净后，在配合面上涂以机油。装配时必须保证轴承的滚动体不受压力，配合面不被擦伤。

轴承装在轴上时，不可用手锤直接敲打轴承外圈。使用附加工具，将力加在内圈上，不允许外圈受力，即在配合较紧的座圈上加力，如图 3-1-21 所示。

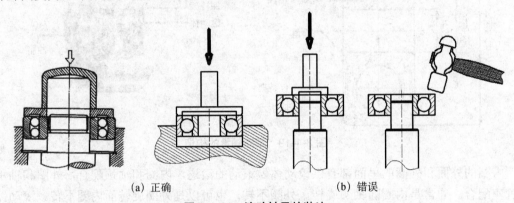

（a）正确　　　　　　　　　　　（b）错误

**图 3-1-21　滚动轴承的装法**

轴与滚动轴承的内圈过盈小时，也可用钢料车成套，垫在轴承内圈上，用手锤敲入。过盈大时，可用压入法或热套法（即把滚动轴承放在机油、混合油或水中加热。如果轴承内的钢珠保持架是塑料的，只宜用水加热）。用热套法安装轴承比敲击法装配质量好。

圆锥形向心推力滚子轴承可承受运转时轴向和径向两个方向的负荷。它的特点是内、外圈是分开的。外圈可以自由脱开，内圈和滚动体一起装在轴上，外圈则装配在轴承座的孔内。它的外圈与内圈之间的间隙是在安装后进行调整的。间隙太大，工作时会振动；间隙太小，则磨损加快。调整间隙，通常依靠外圈的轴向移动，如图 3-1-22 所示；或者依靠内圈的轴向移动，如图 3-1-23 所示。

在传动轴或主轴上，为了消除其轴向窜动、承受轴向负荷及减少端面摩擦，大都装有推力轴承。推力轴承由紧环、滚珠及松环等零件组成。松环的内孔比紧环的内孔大 0.2 mm，在装配时一定要使紧环靠在转动零件的平面上，松环靠在静止零件的平面上（有时它的外圈与静止零件相配）。否则，在轴承与零件之间会产生滑动摩擦，滚珠会丧失作用，轴将很快损坏。推力轴承的间隙也是用螺母来调整的，如图 3-1-24 所示。

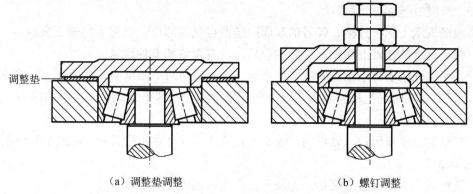

（a）调整垫调整　　　　　　　　　　　　（b）螺钉调整

图 3-1-22　圆锥形向心推力滚子轴承外圈调整间隙的方法

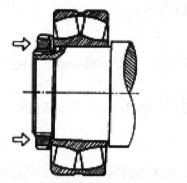

图 3-1-23　用螺母在锥形轴上调整

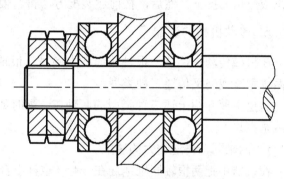

图 3-1-24　推力轴承调整间隙的方法

（4）滚动轴承的拆卸

若轴承拆下后还将再次使用，则绝不允许通过滚动体传递拆卸力，否则滚动体和滚道都会被压伤。

对非分离型轴承，首先从较松配合面将轴承拆出，然后使用压力机将轴承从配合表面压出，如图 3-1-25（a）所示。

还可以使用专门的拆卸器拆卸轴承。图 3-1-25（b）所示是一种简单的双拉杆拆卸器，图 3-1-25（c）所示是一种三拉杆（三爪）拆卸器。

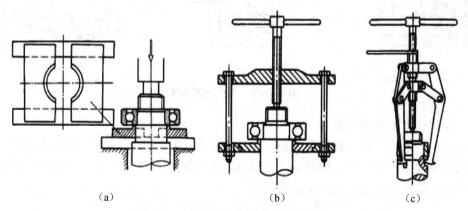

（a）　　　　　　　　　　　（b）　　　　　　　　　　　（c）

图 3-1-25　轴承拆卸常用方法和拆卸装置

（5）滚动轴承装配注意事项

① 滚动轴承上标有规格、牌号的端面应装在可见的部位，以便于将来更换。

② 保证轴承装在轴上和轴承座孔中以后，没有歪斜和卡住现象。

③ 为了保证滚动轴承工作时的热胀余地，在同轴的两个轴承中，必须有一个的外圈（或内圈）可以在热胀时产生轴向移动，以免轴或轴承因没有这个余地而产生附加应力，甚至在工作时使轴承被咬住。

④ 严格避免金属屑进入轴承内，轴承内要清洁，有时要加些机油，通过加密封盖或密封圈来防止漏油。

⑤ 装配后，轴承运转应灵活，无噪声，工作时温度不超过 50℃。

⑥ 滚动轴承磨损到一定限度时，要更换新轴承，更换时将旧的滚动轴承用拉出器（拉码、两爪或三爪）拆下。然后，按前述装配方法将新轴承装上即可。

### 5. 传动机构的装配

在机械传动中，从一根轴传递动力到另一根轴的形式有：两轴同轴传递、两轴平行传递和两轴垂直或交叉传递三种类型。

这里主要介绍上述三种类型的两轴在装配时如何找正其相对位置，保证两轴的同轴、平行或垂直。

1）两轴同轴传递动力的装配

在机器中把两根轴同轴地连在一起（也称组合轴），常采用联轴节、轴套加销或键、十字接头等方法，如图 3-1-26 所示。

在机械传动中，用联轴节连接以传递扭矩的方法很多。装配时，它的主要技术要求是：严格保证两轴线的同轴度，使运转时不产生振动，保持平衡。

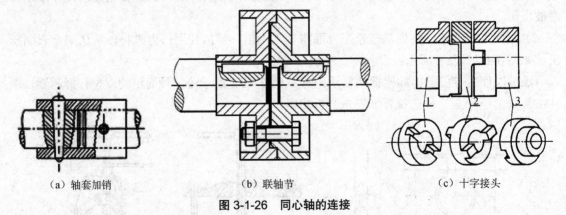

（a）轴套加销 （b）联轴节 （c）十字接头

**图 3-1-26 同心轴的连接**

（1）使用校正工具的装配

使用专用的校正工具，找出箱体轴与电动机轴的不同轴度，以确定调整垫片的厚度，达到两轴同轴度要求。如图 3-1-27 所示为箱体传动轴与电动机轴的连接，首先要校正两轴同轴度，才能确定箱体与电动机的装配位置。

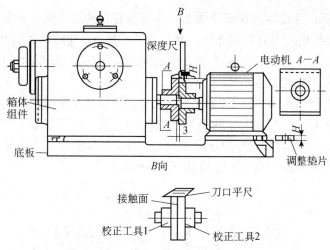

**图 3-1-27 用专用校正工具校正同心轴**

分别在箱体轴和电动机轴上装配校正工具 1 和 2,并将箱体、电动机置于底板上,调整箱体与电动机轴端相距 2 mm。用刀口平尺检查工具 1 和 2 的两侧面,两工具平面接触应良好;用游标深度尺测量工具 1 和 2 的不等高值,即为调整垫片的厚度。此时,便可确定箱体与电动机的装配位置,把它们的螺钉孔配划在底板上。

采用上述校正工具,找出两轴线的不同轴度,调整很简便,并能达到一般联轴器的同轴度要求,但这在很大程度上取决于校正工具本身的制造精度。

(2)不使用校正工具的装配

凸缘式联轴节的装配如图 3-1-28 所示。先在轴 1 和轴 5 上安装键 4 和圆盘;然后用直尺靠紧基准圆盘(如圆盘 2)的凸缘,移动轴 5,并使它与圆盘 3 也贴紧,用直尺进行找正;再转动轴 5,并使它与圆盘 3 也贴紧,用直尺进行找正;再转动轴 5,并用塞尺测量间隙 Z,在一转中,间隙 Z 应当相同。

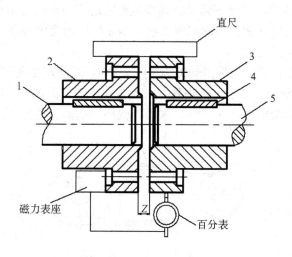

1,5—轴;2,3—圆盘;4—键

**图 3-1-28 凸缘式联轴节的装配**

初步找正后，将百分表固定在圆盘 2 上，并使百分表的触头抵在圆盘 3 的凸缘上，找正圆盘 3，使它的径向摆动在允许范围之内；然后，移动轴 5，使圆盘 2 的凸肩少许插进圆盘 3 的台阶孔内；最后，转动轴 5 检查两个圆盘端面间的间隙，如果间隙均匀，则移动轴 5 使两圆盘端面靠紧，最后用螺栓紧固。

十字沟槽联轴节的装配如图 3-1-29 所示。这种联轴节在工作时允许两轴线有一定的径向偏移和略有倾斜，所以，比较容易装配。它的装配顺序是：分别在轴 1 和轴 7 上安装键 3 和键 6，然后安装套筒 2 和套筒 5，并用直尺来找正；再在两套筒间安装中间圆盘 4，并移动轴，使套筒与圆盘间留有少许间隙 Z（一般为 0.5～1 mm）。

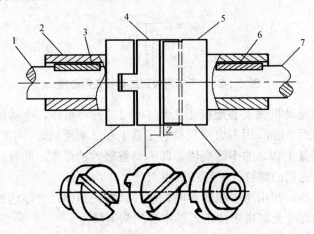

1，7—轴；2，5—套筒；3，6—键；4—圆盘

**图 3-1-29　十字沟槽联轴节的装配**

2）两轴平行传递动力的装配

皮带轮、摩擦轮、正齿轮和链轮都是在两根相互平行的轴之间传递动力。它们的结构形式各有不同，但装配时的技术要求基本是相同的，如两轴必须互相平行、两轴的中心距有一定范围、两啮合件的轴向位置要正确等。如果装配时达不到这些技术要求，那么机器在工作时会产生振动、噪声，并加速机件的局部磨损，缩短机器的使用寿命。

（1）皮带传动机构的装配

皮带传动的特点和形式：皮带传动机构由主动轮 1、从动轮 2 和张紧在两轮上的平皮带 3 所组成，如图 3-1-30 所示。由于皮带张紧，在皮带和皮带轮的接触面间产生了压紧力。当主动轮旋转时，借摩擦力带动从动轮旋转。这样，就把主动轴的动力传给了从动轴。

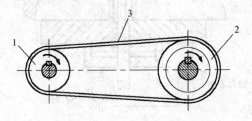

1—主动轮；2—从动轮；3—平皮带

**图 3-1-30　皮带传动**

皮带传动可分为平皮带传动和三角皮带传动，常用的平皮带有皮革带和橡胶布带，有接头。三角皮带的断面是梯形（见图3-1-31），一般制成整圈而无接头，它的剖面尺寸和长度都已标准化了。皮带型号是根据所传递的功率和皮带速度来选择的。

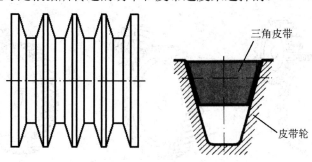

图3-1-31　三角皮带和皮带轮

皮带传动可用于中心距较大的两轴间，且传动平稳；由于过载时可以打滑，因此可防止其他零件的损坏；它具有结构简单等优点，使用比较广泛。

装配时的主要技术要求：皮带轮装在轴上，应没有歪斜和摆动现象；当两个皮带轮的宽度相同时，它们的端面应位于同一平面内；平皮带在轮面上应保持在中间位置，工作时不应脱落；皮带的张紧力应能保证皮带和皮带轮的接触面间有足够的摩擦力，以传递一定的功率。

皮带轮的装配：皮带轮装在轴上，一般采用过渡配合，并且靠键来传递动力。安装时，首先按轴上和轮毂孔中的键槽来修配键，涂上润滑油后再把皮带轮压装在轴上。压装时，最好采用专用的螺旋工具。不要直接敲打皮带轮的端部，特别是在已装进机器里的轴上安装皮带轮时，敲打不但会损伤轴颈，而且会损伤其他机件。压装后，可用压板对轮毂的各个地方轻轻敲打，以消除因倾斜而产生的卡住现象。

皮带轮装配后的检查：皮带轮装到轴上后，应在轮毂处检查其径向及端面摆动。摆动量的大小，随工作要求而定。检查摆动的方法有两种：较大的皮带轮可用划针盘来检查，较小的皮带轮可用百分表来检查。

皮带轮之间的相对位置对皮带传动质量影响很大，如果两个皮带轮安装时有过大的偏移，会使皮带的张力不均，造成皮带自行滑脱和加速磨损（尤其是三角皮带传动时）。所以，对于相互传动的皮带轮，它们的相对位置必须经过检查和调整。当两轮轴间的距离不大时，可以用直尺检查，方法是将直尺的一端靠在一轮的轮缘上，贴住此轮的端面；然后，测定另一轮的端面是否跟直尺贴住，如果没有贴住，则可测定直尺与轮端面之间的间隙的大小，进行调整。如两轮宽度不同，可将直尺靠在宽轮上，用上述方法进行检查，但窄轮与直尺之间应有两轮宽差一半的间隙。

皮带安装在皮带轮上，其张紧力的大小通常在实际工作中凭经验决定。在安装新皮带时，其最初张紧力应比正常张紧力大。这样，在工作一段时间后，皮带仍能保持一定的张紧力。一般检查张紧程度，以手能用力滑入为好。

（2）齿轮传动机构的装配

用于两轴平行传递动力的齿轮为圆柱齿轮。圆柱齿轮又可分为直齿圆柱齿轮、斜齿圆柱齿轮和人字齿圆柱齿轮，如图3-1-32所示。

齿轮传动机构由分别安装在主动轴及从动轴上的两个齿轮相互啮合而组成。

直齿圆柱齿轮的齿是直的，并且与轴线平行，便于制造，应用广泛。斜齿圆柱齿轮的优点是传动平稳，没有噪声，允许的传动速度较高，承载能力较强。但斜齿轮在传动时有轴向分力，设计时要考虑轴向力而采用推力轴承或用两个螺旋角相反的斜齿。人字齿圆柱齿轮可消除轴向力。

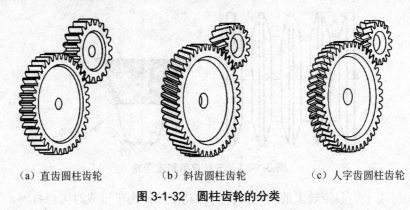

（a）直齿圆柱齿轮　　　　（b）斜齿圆柱齿轮　　　　（c）人字齿圆柱齿轮

图 3-1-32　圆柱齿轮的分类

齿轮传动是应用最多的一种传动形式，它能保证传动比稳定不变，传递的动力很大，结构紧凑，效率高。但对制造和安装的精度要求高，而当两轴间距离较大时，采用齿轮传动就比较笨重了。

齿轮最常用的材料是 45#钢和 40Cr 合金钢，也有用铸铁的。为了提高轮齿的齿面硬度，钢制齿轮的齿面还要进行热处理。

圆柱齿轮传动机构装配的技术要求：工作时传动均匀，没有噪声；相互啮合的齿轮轴线要互相平行，并保持一定的中心距；轮齿间应有一定的间隙，并要有足够的接触斑点。

圆柱齿轮在轴上的安装：安装前，应检查齿轮的轮齿和轮孔有无碰伤，并去掉毛刺。齿轮和轴的配合可采用间隙配合；而工作时不移动的齿轮通常采用过渡配合，一般都采用键连接。压装时，要避免齿轮在轴上歪斜和产生变形。当齿轮和轴的过盈量不大时，可用手工工具敲击压装。但对于过盈量较大和精度要求高的齿轮，最好采用压入工具或专用的压入装置。

精度要求高的齿轮传动机构，在压装后须进行检验。检验径向和端面摆动时，可用百分表在齿轮的齿圈和端面处进行测量。齿轮轴支撑在 V 形铁或顶尖上，然后转动齿轮，根据各处所测量数值的不同情况，便可确定其摆动量。当测定的摆动量超过要求时，就要根据摆动情况检查其原因，有时可将齿轮变换某一角度后压入，或对配合面进行修整。

将装有齿轮的轴安装在机体上。一对互相啮合的齿轮，轮轴的轴线必须处在一个平面内，互相平行，并且保持适当的中心距（中心距等于两齿轮节圆半径之和）。

圆柱齿轮传动机构装配质量检验：齿轮传动机构装配后，必须有良好的啮合质量，啮合质量的检验有齿侧隙的检验和接触斑点的检验。

测量齿侧隙最简单的方法是将铅片放在轮齿间压扁后对铅片进行测量，测得的值即为齿轮啮合间隙；或用塞尺直接进行测量。精确的测量方法可采用图 3-1-33 所示的装置，将一个齿轮固定，在另一个齿轮上装有夹紧杆 1，由于齿侧隙的存在，装有夹紧杆的齿轮便可摆动一定角度，从而推动百分表 2 的触头，得到表针摆动的读数为 $C$。根据节圆半径 $R$、指针长度 $L$，即可按下式求得齿侧隙 $C_n$ 的值（式中的单位均为 mm）。

$$C_n = C\frac{R}{L}$$

相互啮合的两轮齿的接触斑点，用涂色法来检验。轮齿上印痕的分布面积：在轮齿的高度上，接触斑点为30%～50%；在轮齿的长度上，为40%～70%（随齿轮的精度而定）。通过涂色检验，还可以判断装配时产生误差的原因。当接触斑点的位置正确，而面积太小时，可在齿面上加研磨剂进行研磨，以达到足够的接触面积。

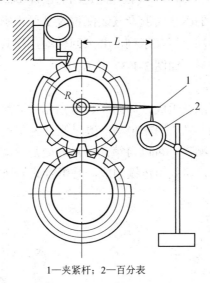

1—夹紧杆；2—百分表

**图 3-1-33　测量齿侧隙**

3）两轴垂直或交叉传递动力的装配

在同一平面上两垂直轴的传动，一般用一对圆锥齿轮；两交叉轴的传动，一般用一对螺旋齿轮或蜗杆、蜗轮。

（1）圆锥齿轮传动机构的装配

圆锥齿轮（伞齿轮）的轮齿分布在圆锥体表面上，如图 3-1-34 所示，有直齿圆锥齿轮和曲线齿圆锥齿轮。

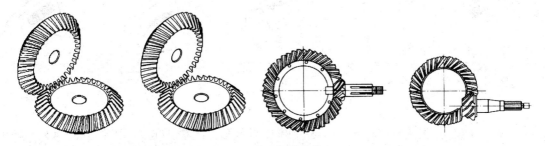

**图 3-1-34　圆锥齿轮**

圆锥齿轮装配的技术要求：安装齿轮轴的机体孔中心线应在同一平面内，并依所要求的角度交于固定点上；两轮中心线的夹角不得超过规定的偏差。

为了检验机体孔中心线相互位置的准确性，可采用图 3-1-35 所示的专用工具，即用检棒1 和检棒 2 检查两孔轴线在同一平面内相交的情况。如果轴线正确，检棒 1 就能通过检棒 2 的孔（检棒 1 和检棒 2 的制造精度误差可以忽略不计）。经过检查合格的孔，可以减少装配工作量，装配质量较高。

如图 3-1-36 所示的圆锥齿轮组件，如果装配的两孔轴线正确，就只需要调整齿轮的啮合，即调整圆锥齿轮 1、2 的轴向位置。圆锥齿轮 1 的轴向位置可通过调整垫片的尺寸进行调整；圆锥齿轮 2 则须移动固定圈的位置，调好后，根据固定圈的位置在轴上配钻固定孔，用螺钉固定。

怎样辨别圆锥齿轮之间的啮合情况及其装配位置是否正确呢？精确的辨别方法可用着色法，即在主动齿轮上均匀地涂一层显示剂，并来回转动，视其齿面的显示情况，可以判别出误差，并有针对性地予以调整，如图 3-1-37 所示。

（2）蜗轮传动机构的装配

蜗轮传动机构由蜗轮和蜗杆组成，如图 3-1-38 所示，它用于传递空间两交叉轴的运动，两轴线在空间的交角通常为 90°。蜗轮传动一般以蜗杆为主动件。蜗轮传动结构紧凑，并有大的传动比，工作平稳、无噪声，可以自锁，不足之处是传动效率低。一般蜗杆和轴制成一体，而蜗轮齿圈用青铜制成，轮毂用铸铁制成，是组合式的结构。

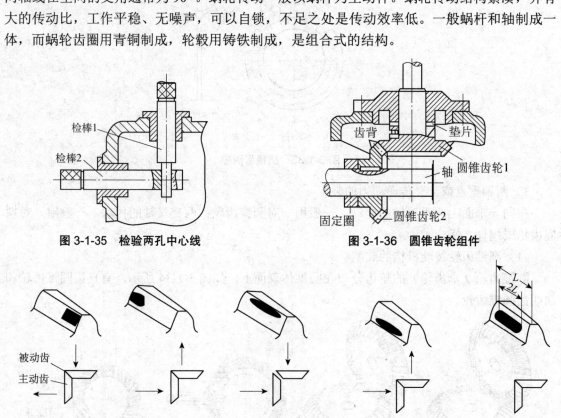

图 3-1-35　检验两孔中心线　　　　　　图 3-1-36　圆锥齿轮组件

（a）被动齿轮小端　　（b）被动齿轮大端　（c）显示印痕为一窄长条，（d）显示印痕为一窄长条，（e）显示印痕在中间
　　　显示　　　　　　　　显示　　　　　并接近齿顶　　　　　　并接近齿根　　　　　　位置

图 3-1-37　检查圆锥齿轮啮合情况及调整方向

蜗轮传动应用范围很广，常用于分度、减速、传动等机构。在装配时要区别对待：如用来分度，则以提高运动精度为主，须尽量减少蜗轮机构在运动中的空转角度；如用于传动和减速，则以提高接触精度为主，使蜗轮机构能传递较大的扭矩，增强耐磨性能。

蜗轮传动机构，根据设备的不同要求可分为组合式和固定式两种。

组合式蜗轮机构：这种结构的蜗轮、蜗杆，其中心距不是固定的，啮合位置靠移动蜗轮、蜗杆的径向位置而获得。这种结构的蜗轮、蜗杆，其加工精度可适当放宽，但会增加装配工作量。组合式蜗轮机构大都用于简单、粗糙的机械传动。

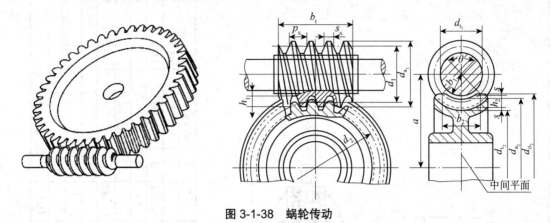

图 3-1-38　蜗轮传动

固定式蜗轮机构：其啮合中心距根据蜗轮、蜗杆的节圆直径来确定。蜗轮、蜗杆及装配蜗轮、蜗杆的箱体的孔，必须严格按照图纸的要求进行加工；否则，将导致啮合间隙太大或太小，甚至无间隙等问题。

装配蜗轮传动机构的主要技术要求：保证蜗轮上齿的圆弧中心与蜗杆的轴线在同一个垂直于蜗轮轴线的平面内，具有正确的啮合中心距，并要求有适当的啮合侧隙和正确的啮合接触面。

轴线调整方法：在蜗杆上均匀涂一层显示剂，转动蜗杆，按蜗轮上的接触印痕来判断啮合质量。图 3-1-39（a）和（b）为蜗轮、蜗杆两轴线不在同一平面内的情况，如蜗杆位置已固定，则可调整蜗轮的轴向位置，使之达到图 3-1-39（c）的要求。

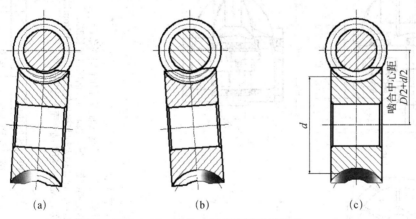

（a）　　　　　　　　　　（b）　　　　　　　　　　（c）

图 3-1-39　蜗轮、蜗杆两轴线的调整

侧隙（即蜗轮、蜗杆装配后的空转角度）的调整：固定式蜗轮机构依靠它和箱体孔的加工精度，组合式蜗轮机构主要靠装配时对其径向位置的调整。蜗轮、蜗杆装配好以后，还要检查机构的灵活性，即蜗轮停在任何位置上，转动蜗杆的扭矩都应一致。

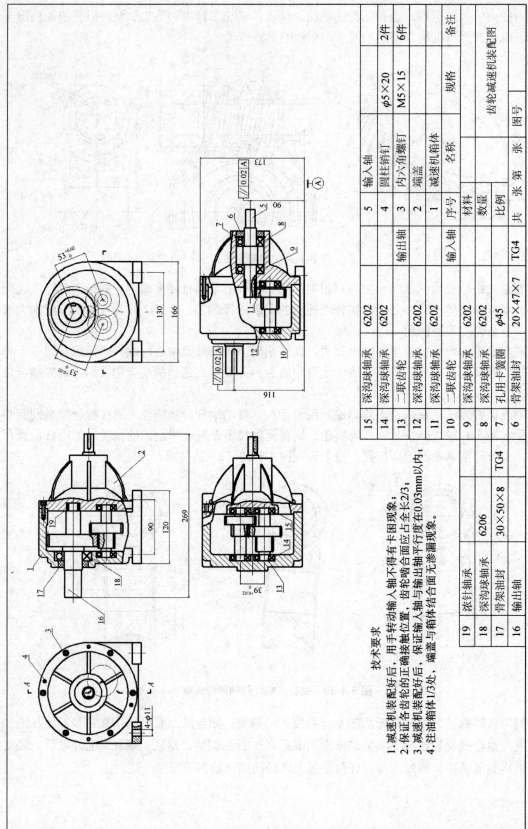

技术要求

1. 减速机装配好后，用手转动输入轴不得有卡困现象；
2. 保证各齿轮的正确接触位置，齿轮啮合面应占全长2/3；
3. 减速机装配好后，保证输入轴与输出轴平行度在0.03mm以内；
4. 注油箱体1/3处，端盖与箱体结合面无渗漏现象。

| 19 | 滚针轴承 | | | | |
| 18 | 深沟球轴承 | 6206 | | | |
| 17 | 骨架油封 | 30×50×8 | TG4 | | |
| 16 | 输出轴 | | | | |
| 15 | 深沟球轴承 | 6202 | | | |
| 14 | 深沟球轴承 | 6202 | | | |
| 13 | 二联齿轮 | | | | |
| 12 | 深沟球轴承 | 6202 | | | |
| 11 | 深沟球轴承 | 6202。 | | | |
| 10 | 二联齿轮 | | | | |
| 9 | 深沟球轴承 | 6202 | | | |
| 8 | 深沟球轴承 | 6202 | | | |
| 7 | 孔用卡簧圈 | φ45 | | | |
| 6 | 骨架油封 | 20×47×7 | TG4 | | |
| 5 | 输入轴 | | | | 2件 |
| 4 | 圆柱销钉 | | | φ5×20 | 6件 |
| 3 | 内六角螺钉 | 输出轴 | | M5×15 | |
| 2 | 端盖 | | | | |
| 1 | 减速机箱体 | 输入轴 | | | |
| 序号 | 名称 | 材料 | 数量 | 规格 | 备注 |
| | 减速机装配图 | | TG4 | 齿轮减速机装配图 | |
| 比例 | | 共 张 第 张 | 图号 | | |

**图 3-1-40 减速机装配图**

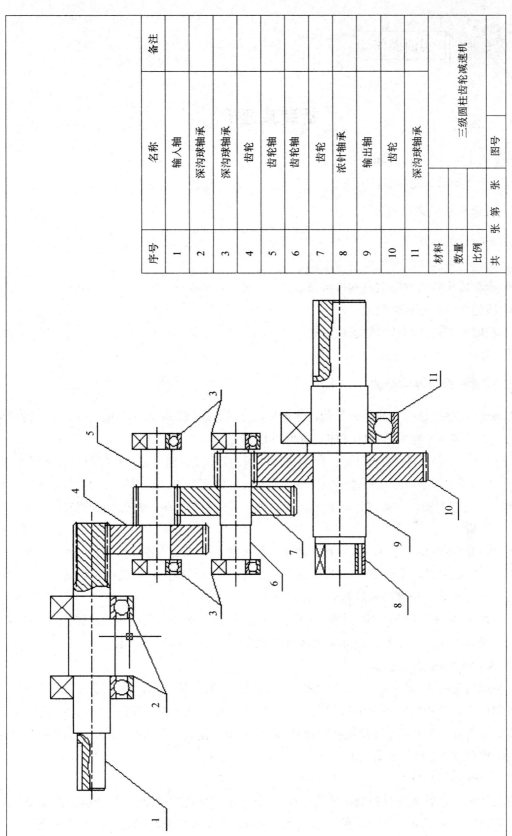

| 序号 | 名称 | 备注 |
|---|---|---|
| 1 | 输入轴 | |
| 2 | 深沟球轴承 | |
| 3 | 深沟球轴承 | |
| 4 | 齿轮 | |
| 5 | 齿轮轴 | |
| 6 | 齿轮轴 | |
| 7 | 齿轮 | |
| 8 | 滚针轴承 | |
| 9 | 输出轴 | |
| 10 | 齿轮 | |
| 11 | 深沟球轴承 | |
| 材料 | | 三级圆柱齿轮减速机 |
| 数量 | | |
| 比例 | | 图号 |
| 共 张 | 第 张 | |

图 3-1-41 减速机传动图

# 拆装减速机

减速机装配图如图 3-1-40 所示。

减速机传动图如图 3-1-41 所示。

## 1. 减速机拆装考核要求

① 正确安装轴承。

② 齿轮与轴的装配及轴向定位准确。

③ 检测齿轮副齿侧间隙及其接触精度。

④ 按技术要求合箱装配。

⑤ 按照工艺规范和技术要求试运转。

⑥ 时间定额为 360 min。

## 2. 减速机拆装操作步骤

① 仔细观察减速机各部分的结构，分析传动方式、级数、输入轴、输出轴，了解铸造箱体结构，思考如何才能保证箱体支撑具有足够的刚度。

② 拧开上盖与机座连接螺栓及轴承盖螺钉，拔出定位销，借助起盖螺钉打开减速机上盖。

③ 边拆卸边观察，并就箱体形状、轴向定位、润滑密封方式，对减速机部件（如定位销钉、螺钉、C 型平键、卡簧、骨架油封、齿轮轴、齿轮、轴承等）的结构位置要求和零件材料等进行分析。

④ 拆卸轴系各件，分析轴系结构；测量各段尺寸，了解轴的各部分结构作用；了解滚动轴承型号、安装方式、组合结构，以及轴承的拆装、固定和轴向间隙的调整；了解轴承的润滑方式和密封装置，分析轴承是如何进行润滑的。

⑤ 对所拆减速机的每个零件进行必要的清洗，将轴系部件装到机座原位置上，测定减速机的主要参数，并记录下来。分析减速机的传动结构，画出传动示意图。

⑥ 齿轮接触精度的测量。

在主动齿轮的 3～4 个轮齿上均匀涂上一薄层红铅油，用手转动，则从动齿轮轮齿面上将印出接触斑点。接触精度通常用接触斑点大小与齿面大小的百分比来表示。沿齿长方向：接触痕迹的长度 $b''$（扣除超过模数值的断开部分 $c$）与工作长度 $b'$ 之比。沿齿高方向：接触痕迹的平均高度 $h''$ 与工作高度 $h'$ 之比。

⑦ 齿侧间隙的测量。

将直径稍大于齿侧间隙的铅丝（或铅片），插入相互啮合的轮齿之间，转动齿轮，辗压轮齿间的铅丝，齿侧间隙等于铅丝变形部分最小厚度。用千分尺或游标卡尺测出其厚度。

⑧ 轴承轴向间隙的测量。

固定好百分表，用手推动轴至另一端，百分表所指示的量即为轴承轴向间隙的大小。若不符合，则应进行调整。分析有关减速机轴承间隙调整的结构形式并进行合理操作，以便得到所要求的轴向间隙。

⑨ 通过测量齿轮的齿数计算齿轮传动比。

⑩ 清洗各个零件，按拆卸的相反顺序将减速机复原，并拧紧螺钉。按照先内部后外部的合理顺序进行，装配轴套和滚动轴承候应注意方向等。注意：安放箱盖前要旋回启箱螺钉。

⑪ 整理工具。

 评分标准

减速机拆装的评分标准见表 3-1-1。

表 3-1-1　减速机拆装的评分标准

| 实训项目 | | | 减速机拆装 | | | | |
|---|---|---|---|---|---|---|---|
| 序号 | 考核内容 | | | 配分 | 评分标准 | 学生自评 | 教师评分 |
| 1 | 主要项目 | 轴组 | 轴的精度保持在 0.03mm | 4 | 轴的精度被破坏扣 4 分 | | |
| | | | 轴承游隙的调整（按技术要求） | 6 | 调整游隙不当扣 6 分 | | |
| | | | 齿轮与轴和花键的配合 | 8 | 任何两者配合不正确扣 8 分 | | |
| | | | 间隙调整与定位准确性，间隙误差为 0.30～0.10 mm | 8 | 配合件的间隙调整不当扣 3 分，两处以上调整不当扣 8 分 | | |
| | | 箱体总成 | 两齿轮标准中心距误差为±0.18mm | 5 | 中心距达不到图纸要求扣 5 分 | | |
| | | | 齿轮接触精度：沿齿高方向不低于 35%，沿齿长方向不低于 40% | 10 | 单一方向不达标扣 5 分，高度和长度方向均不达标扣 10 分 | | |
| | | | 输入轴与输出轴平行度为 0.03～0.05mm | 5 | 不符合技术要求扣 5 分 | | |
| | | | 箱体的 45 号机油按规定加入（口述） | 3 | 加错油扣 2 分 | | |
| | | | 减速机的剖分面、各接触面的密封性 | 4 | 箱体上、下剖面结合不好扣 4 分 | | |
| | | | 总成后的运转平衡性符合要求 | 7 | 启动困难、空载阻力大扣 7 分 | | |
| | | | 总成后主要基本指标符合技术要求 | 15 | 主要技术要求不达标扣 15 分 | | |
| 2 | 其他项目 | 准备 | 对轴、轴承、齿轮及相关标准件的精度、外观进行检查 | 5 | 未认真阅读图纸和装配技术要求扣 2 分，对各部件不检查扣 3 分 | | |
| | | 装配规程 | 按装配工艺规程进行装配，并及时、合理调整间隙 | 5 | 未按装配工艺规程操作扣 2 分，间隙调整不合理扣 3 分 | | |
| | | 其他 | 清洁度、无渗漏 | 5 | 不符合要求扣 5 分 | | |
| 3 | 现场考核 | | 正确执行国家有关安全技术操作规程，各种设备、工量具使用符合有关规定 | 10 | 安全文明生产 4 分 设备使用 3 分 工、量具使用 3 分 | | |
| 合　计 | | | | 100 | | | |
| 系部 | | | 班级 | | 姓名 | | 学号 |
| 教师评语 | | | | | | | |

# 参考文献

[1] 中国机械工业教育协会. 金工实训 [M]. 北京：机械工业出版社，2001.

[2] 王恩海，付师星. 钳工技术 [M]. 大连：大连理工大学出版社，2008.

[3] 刘华刚. 模具钳工操作技术 [M]. 北京：化学工业出版社，2008.

[4] 高钟秀. 钳工 [M]. 北京：金盾出版社，2003.

[5] 王飞. 金工实训 [M]. 北京：北京邮电大学出版社，2012.

[6] 黄涛勋. 高级钳工技术 [M]. 北京：机械工业出版社，2004.